U0185859

世界手绘植物图谱鉴赏
—— 走进邱园 ——

Royal Botanic Gardens Kew

至美邱园
馆藏手绘植物图谱

英国皇家植物园·邱园 著
熊振豪 译编
李维林 译订

科学普及出版社
·北 京·

图书在版编目（CIP）数据

至美邱园：馆藏手绘植物图谱．观赏类 / 英国皇家植物园——邱园著；熊振豪译编．
-- 北京：科学普及出版社，2023.4
（世界手绘植物图谱鉴赏：走进邱园）
书名原文：Wildflowers；Palms；Cacti；Japanese Plants；Carnivorous Plants
ISBN 978-7-110-10476-7

Ⅰ.①至… Ⅱ.①英… ②熊… Ⅲ.①植物—图谱 Ⅳ.① Q94-64

中国版本图书馆 CIP 数据核字（2022）第 226517 号

版权登记号：01-2022-5428

策划编辑	符晓静　肖　静
责任编辑	符晓静　肖　静
封面设计	中科星河
正文设计	中文天地
责任校对	张晓莉
责任印制	徐　飞

出　　版	科学普及出版社
发　　行	中国科学技术出版社有限公司发行部
地　　址	北京市海淀区中关村南大街 16 号
邮　　编	100081
发行电话	010-62173865
传　　真	010-62173081
网　　址	http://www.cspbooks.com.cn

开　　本	720mm × 1000mm　1/16
字　　数	210 千字
印　　张	30
版　　次	2023 年 4 月第 1 版
印　　次	2023 年 4 月第 1 次印刷
印　　刷	北京博海升彩色印刷有限公司
书　　号	ISBN 978-7-110-10476-7 / Q · 280
定　　价	198.00 元

邱园的藏书、艺术和卷宗

英国伦敦的邱园是世界上最大的植物学文献、艺术和档案材料的收藏机构之一。其图书馆馆藏包括 18.5 万本专著和珍本、约 15 万本手册、5000 本期刊和 2.5 万张地图。档案馆馆藏包括 700 万封信件、名录、野外笔记本、日记和手稿。这些藏品述说着邱园作为全球植物信息中心和英国重要植物园的悠久历史。

邱园的插画收藏包含了 20 万幅水彩画、油画、版画和素描。邱园用了 200 年将这些作品收集起来，创建了一个关于植物和真菌的特殊视觉记录。其作品包括那些伟大的植物学插图大师，如埃雷特（Ehret）、雷杜德（Redouté）、鲍尔兄弟（the Bauer Brothers）、托马斯·邓肯森（Thomas Duncanson）、乔治·邦德（George Bond）和沃尔特·胡德·菲奇（Walter Hood Fitch）。我们的特殊馆藏包括《柯蒂斯植物学杂志》（*Curtis's Botanical Magazine*）从古至今的原稿，玛格丽特·米恩（Margaret Meen）、托马斯·贝恩斯（Thomas Baines）、玛格丽特·米伊（Margaret Mee）的作品，约瑟夫·胡克（Joseph Hooker）的印度植物素描，爱德华·莫伦（Edouard Morren）的凤梨插画，罗克斯伯格（Roxburgh）、沃利奇（Wallich）、罗伊尔（Royle）等印度艺术家的“公司画派”作品，以及玛丽安娜·诺斯（Marianne North）收藏于邱园以她的名字命名的画廊中的作品。

译编者简介

熊振豪，1994 年 4 月出生，植物学硕士，江苏省中国科学院植物研究所优秀毕业生，硕士期间参与过多项国家自然科学基金项目，参与全国中药资源普查，有丰富的野外考察经验，在动植物方面均有涉猎。主编并出版图书《500 种中国野菜识别与养生图鉴》。

译订者简介

李维林，1966 年 11 月出生，植物学博士，药学（药用植物学）博士后，南京林业大学副校长、二级教授，主要从事经济植物引种驯化、资源评价与利用等方面的研究工作。曾供职于南京中山植物园，编著了《治疗糖尿病的中草药》《多肉植物彩色图鉴》等，培育植物新品种 30 多个。

译者序

邱园（the Royal Botanic Gardens，Kew），是世界上非常著名的植物园之一，也是植物分类学研究的中心，我相信这是大多数植物学家和植物爱好者梦想中的地方。本书来自邱园出品的“邱园口袋书”系列，这套口袋书与其说是一本图鉴或科普性读物，不如把它当成一本描绘植物世界的艺术品。不同于今天植物艺术绘画中细腻的笔触和植物科学画中极致的细节，本书中的插图均充满了画家绘制年代的时代特色。

说到绘画特色，本书最大的特点就是收录了一批“公司画派”的植物插图。相信读者很快就会发现本书中的许多绘制于不知名印度画家之手的植物插图，这些画家大多受雇于东印度公司。让我们抛开东印度公司的掠夺性质，暂时把目光放在其对植物艺术创作的贡献上。在东印度公司逐渐在印度站稳了脚跟，成为英国连通亚洲贸易的中转站之后，他们渐渐开始着眼于除矿物、香料和手工艺品之外的艺术品。在十八和十九世纪，这些被派遣到印度的英国贵族很快就迷上了印度这片土地的动植物。一开始，他们仅仅是委托当地的艺术家绘制一些作品供自己欣赏，随后他们发现这些神奇的植物插图深受远在英国的其他贵族和人们的欢迎。于是，他们开始用这些印度艺术家创作的植物插画为咖啡、可可甚至鸦片做起了广告。不过英国的贵族们并不满足于印度的传统绘画，他们更喜欢欧洲的艺术形式，但是他们又希望能买到印度当地艺术家创作的“特色”商品，在这样的需求下，一批印度艺术家开始使用欧洲的水彩，学习西方的绘画形式，将欧洲写实主义的绘画方法和印度拉杰普特，以及莫卧儿帝国的传统画风相结合，这种新的绘画流派被称为“公司画派”。东印度公司没落之后，其收藏的大多数植物作品被转赠至邱园，成为邱园馆藏。得益于此，我们才能在今天欣赏到这样一批充满魅力的艺术作品。

当然，除了“公司画派”的艺术风格，本书中的植物绘画流派可以说是千姿百态。摘自《柯蒂斯植物学杂志》中的作品，更加注重描绘植物的细节；收录自世界各地植物志中的插图则可以反映各地对植物形态的侧重描述方向。不同的艺术风格被野蛮地揉进了这套书内，这也给读者带来了强烈的视觉冲击感。

此外，本书中所描绘的所有植物除学名之外，我都根据原书内容，辅以文化背景将部分植物的俗名译出，这些充满形象且富有生活气息的名字代表着人们对于这些植物最朴实的认知。本书中所有植物的学名均以大号加粗字体标出，俗名以小号字体排列于其后，由于原书中并非所有植物都给出俗名，因此在尊重原著的前提下，我也没有将国内使用的俗名加上，感兴趣的读者可以通过对植物学名的检索，轻松对该植物进行更加详细的探索。

在图书形式上，根据原书内容，编者决定将邱园目前出版的10种口袋书分为观赏和实用两大类。本书为观赏类，包括野花篇、棕榈篇、仙人掌篇、日本植物篇和食肉植物篇。在本书中，你可以看到在路边盛开的野花、道路两侧高大的棕榈、沙漠中静静绽放的仙人掌、精致多变的日本园艺植物和神秘危险的食肉植物。这些植物原本生长在你所不熟悉或是从未涉足过的环境中，却又因为它们的美丽而被请入了千家万户。

无论你因为什么翻开这本书，都希望它能为你的生活增添一分色彩，如果能因为此书爱上这个美妙神秘的植物世界，那这就是我决定翻译此书的初心所在了。

熊振豪

2022 年 10 月

目录

CONTENTS

Wildflowers

野花篇

策划：吉娜·富勒洛斯（Gina Fullerlove）

篇首语

我们通过自己的双手在这个世界上创造了可以与大自然的鬼斧神工相媲美的辉煌成果。这似乎预示着我们已经创造了生活中所需要的一切，人们快速制造出的一系列新鲜事物早已激活了我们的每一根神经，但仍有一些自然奇观依然能够轻易地冲击我们的感官，挑战我们的理解力。一场大规模的鲜花盛开就可以轻易将大自然点缀成一座盛大的舞台。映入眼帘的所有风景都在变色，沙漠盛开出宛如地毯般充满爆发力的花丛，而五颜六色的花朵同样装扮着由单调岩石组成的山坡。如此大规模且多样的变化在撩拨我们神经的同时，也让我们快要被琐事塞满的头脑得到片刻放松，刺激着我们来自基因中的本能。为什么野花的绽放能如此强烈地吸引我们的注意力呢？这或许是来自它对我们感官的大范围刺激吧。在温暖的日子里，生长着百里香和牛至等芳香植物的白垩草原①闻起来非同寻常，空气中弥漫着的浓郁的地中海式鸡尾酒味道刺激着我们的嗅觉。草原中的声音也令人浮想联翩。“嗡嗡

① 白垩草原：英国的特色地形之一，草原之下的土壤由白色疏松的土状石灰岩组成。——译者注，下同

嗡”“嘎嘎嘎”“啾啾啾”“吱吱吱”，这些声音大多来自栖息于此的众多无脊椎动物，它们在这里安然地享受着草原给予它们的保护。

亲生命假说[①]表明，草地能够刺激我们心中深层次的原始本能。该假说将我们所认知的空间划分为舒适空间、庇护空间、神秘空间以及刺激我们冒险欲望且充满风险的危险空间。一个开阔的草场给我们提供了一个高点，让我们可以远远地看清代表着危险或是充满食物的区域，这是否能满足我们内心对于舒适空间的本能追求呢？花朵作为植物体能量的汇聚中心，拥有整株植物作为能量供给，从而促进自身繁殖，将基因成功继承至下一代。花朵的形态、颜色、气味不仅仅可以取悦人类，它们更重要的作用是通过空气有效率地传播花粉，或者诱使动物帮个小忙。木兰作为地球上第一批开花植物，是在没有特定授粉者的情况下进化而来的。简单来说，花朵进化的表现形式就是一朵朴素、正在开放的花朵，设法吸引路过的无脊椎动物触碰它，这样它们就能将花粉撒向这些不知情的小帮手们。随着时间的推移，甲虫、蜜蜂、苍蝇、蝴蝶甚至蝙蝠和啮齿动物等形式的传粉者，作为一个新的进化刺激因素出现在植物的进化之路中。植物和传粉者之间的共同进化关系产生了一些异常精确和高度具体的花朵结构。拖鞋兰（*Cypripedium parviflorum*）就是这样一种具有“欺骗性”的植物，

---

① 亲生命假说：人类有种亲近自然世界的本能。

它让合作的传粉者相信其袋状花朵结构中含有花蜜，诱使传粉者进入这个口袋。而当这些传粉者试图从口袋中唯一的出口逃出时，身体对花朵的压力会将花粉团牢牢地粘在授粉者的背上，让它在不知不觉中把花粉散布到它探寻的下一朵花中。

钓钟柳（*Penstemon*）则在花上形成一种被称为“花蜜指南”的图案，这种图案能够向经过的蜜蜂指示这里有花蜜的存在。花朵外面的钩状毛能够将昆虫挤向它们中心的花粉结构，这种花朵的进化能够最大限度地与传粉者建立起一种良性合作的关系。

野花的大规模开放不仅能够吸引我们的眼球，而且它们抓住了自然界中最有利的传粉时机。林地银莲花会在传粉昆虫刚开始出现时就早早地开花，这样可以赶在被树叶完全展开后的阴影遮挡住之前，尽可能多地吸引前来传粉的昆虫。南非的球茎植物常年在地下休眠，直到自然界的丛林大火烧光了地面的遮挡物，它们就会抓紧时间迅速开花，因为只有这样，它们的花朵才可以肆无忌惮地享受温暖的阳光和开阔的空间。而少数选择在冬季开花的植物，则利用可远距离传播的浓烈香气，吸引着远方的空中传粉者飞来。

然而，一些最具有魅力且令人回味无穷的野花景色则是由人类干预形成的。英国的洪溢草原，是具有异国情调和神秘色彩的花格贝母（*Fritillaria meleagris*）的家园，每年的干草切割和有序放牧，让它们在这片土地上肆意生长。这些温和的外界干扰阻止了草原群落中的其他植物成为主导。

美国中西部的大草原是松果菊（*Echinacea*）和金光菊（*Rudbeckia*）的家园，它们在人类的干预下茁壮地成长。几千年来，美国印第安人有选择地火烧草原，以刺激植物的重新生长，杀死害虫和疾病，并阻止灌木丛和林地的演替。渐渐地，草原上的草和花都渐渐适应烈火，所以这种看似具有破坏性的力量其实也是一种促进生命生长的力量。成群的野牛在夏季穿过草原时的放牧也是如此。在它们充满力量的牛蹄之下，慢慢地筛选出了一系列的植物。

我们许多最特别的野花景点已经被 20 世纪和 21 世纪的土地演变所改变，而栖息其中的许多物种也因此受到威胁。美国大草原丰富的中质土壤非常适合集约化、大规模的农业，据估计，目前的原始大草原只剩下原本面积的约 1%。而幸存的草原以碎片化形式分散在各处，这些草原在没有燃烧和放牧的干预后，则很大概率会恢复为灌木丛，其中的生物多样性也大大减少了。

英国草原也遭遇了类似的衰退。战后农业的快速发展，使得田地变得更大，树篱围成的边界消失，加速了土地植被向单一作物的转变。曾经喂养牛羊的草地变成了更有效率的单一草种牧场。从此，一个既能养活我们又具有丰富生物多样性的传统农业迅速消失了。

如今，我们可能正处于生物多样性急剧变化的转折点上。不断变化的农业政策鼓励我们更好地管理生态系统，以倡导注重环境的土地管理、对自然价值的新认识、科学利用土地资源为基础。作为一个同时研究野生植物物种多样性和生态系统的组织，邱园的研究

将成为影响政策的宝贵依据，鼓励世界各地更好地管理自然资源。

野花草甸和大草原陶冶了我们的情操，使我们的感官沉浸其中，与此同时，它们也养活了无数的无脊椎动物，并作为长期稳定的碳汇静静地隐藏在我们的脚下。大自然的价值体现在这个世界的方方面面，而且比以往任何时候都更需要我们的支持。

埃德·伊金（Ed Ikin）

韦克赫斯特野生植物园副园长，景观、园艺和研究主管

英国皇家植物园·邱园

野花篇

本篇赞美了由自然赐予我们的宝贵财富，展示了原产于欧洲、美洲和亚洲的野花的美丽姿态，它们来自草地、草原、树篱、林地，还有一些来自我们熟悉的城市。邱园图书馆艺术和档案馆提供的 40 幅植物插图描绘了 100 多种经典花卉。

邱园专家埃德·伊金深入浅出地介绍了野花栖息地的重要性；与大草原发自生命本能的古老联系，使我们的精神和感官沉浸其中，我们需要了解大自然的价值，并通过以环境为中心的土地政策来保护它，保护我们的生物多样性。

№1

1、2 秋水仙 草地番红花
3 黄口水仙 二花水仙
4 洋水仙 水仙花
5 雪滴花 落雪

英国的冬季漫长而寒冷，从萧索寒冬中熬过来的人们迫不及待地想抓住任何一丝春天的气息，而这个时候，没有什么比这些林下的小花更令人振奋的了。早春的花朵们大多花色艳丽，株型紧凑矮小，叶片不舒展甚至肉质化，普遍具有耐寒的特点。其中雪滴花往往是最早绽放的，白色娇嫩的花瓣在早春便会破开未消融的冰雪，花瓣尖端的绿色斑纹也在向这片大地预示着春天的降临。

插图来自劳登女士（Mrs Loudon）所著《英国野花》(*British Wild Flowers*)，1846。

1
2
3
4
5

No2

草甸碎米荠 布谷鸟花、女士罩衫

草甸碎米荠为十字花科碎米荠属多年生草本植物。这种淡紫色的小花盛开在春季的草地之中。草甸碎米荠的花朵小而素雅，在春天鲜嫩的牧草场中若隐若现，这与19世纪的英国挤奶女工常穿的罩衫上的花纹相似，因此在当时被称为“Lady’s Smock”，即女士罩衫。

插图来自威廉·柯蒂斯（William Curtis）所著《伦敦植物志》（*Flora Londinensis*），1775—1798。

№3

1 加拿大荷包牡丹 松鼠的玉米
2 褐花延龄草 死之花
3 斑点老鹳草 老鹳草
4 北极珍珠菜 星繁缕

有着红色花朵的林下小草往往是英国庭院中最受欢迎的搭配植物。它们或许不是花园的主角，但如若少了这些，整个花园难免单调无趣。这些小花于大多数庭院树木刚刚苏醒的春季绽放，又在绿荫成形、彩叶舒展的夏秋两季休眠，使庭院在一年四季都充满着观赏的趣味。

插图来自 C. P. 特雷尔（C. P. Trail）所著《加拿大野花》（*Canadian Wild Flowers*），由阿格尼丝·菲茨吉本（Agnes Fitzgibbon）绘制，1895。

1
2
3
4

No4

蓝铃花

蓝铃花原产于西欧，为天门冬科蓝铃花属球根植物。蓝铃花的分球繁衍能力很强，因而经常成片生长，在英国多地都有着蓝铃花森林，整片林下都被这种蓝色的小花覆盖，形成一片蓝色的花毯。

插图来自威廉·柯蒂斯所著《伦敦植物志》，1775—1798。

№5

1 欧洲报春 洋樱草
2 牛唇报春 牛唇草
3 黄花九轮草 牛唇草
4 苏格兰报春花 苏格兰樱草
5 黄繁缕
6 琉璃繁缕 蓝繁缕
7 大花捕虫堇
8 狸藻

英国的冬季非常漫长，寒冷萧瑟的街道伴随着阴雨连绵的天气，不免让人望不到尽头。而黄色的报春花仿佛这阴霾日子里的一道光，将春天的希望带到了人们的眼前。报春花作为英国分布最广也是最好看的野花之一，逃不过被人为栽培选育的命运，如今已经培育出许多拥有硕大花朵和高色彩饱和度的品种，但即便如此，原生的报春花的小巧淡雅依旧是人们心里最喜爱的。

插图来自劳登女士所著《英国野花》，1846。

3
7
6
1
4
2
5
8

No6

卵果蕨 山毛榉蕨

卵果蕨为金星蕨科卵果蕨属多年生蕨类植物，这种叶片花纹精致细密的蕨类常见于英国北部至格陵兰岛北方，从林地到冻土岩石地带都有分布。

插图来自安妮·普拉特（Anne Pratt）所著《大不列颠开花、草类、莎草和蕨类植物》(*Flowering Plants, Grasses, Sedges & Ferns of Great Britain*)，1899—1905。

No7

1 尖萼獐耳细辛 银莲花
2 垂铃草 铃铛花
3 丛林银莲花 木银莲花
4 春美草 春俏

春季的野花美丽而短暂，这些小小的生命在树木展开叶片之前，在早春短短的几周之内迅速破土而出，狂野地享受着林下的阳光，冲破严冬的桎梏，开出一朵朵充满生命力的花朵，繁衍生息。在这短暂的疯狂之后，它们便迅速重归宁静，将这片大地和阳光重新交还给那些高大的树木。

插图来自 C. P. 特雷尔（C. P. Trail）所著《加拿大野花》，由阿格尼丝·菲茨吉本（Agnes Fitzgibbon）绘制，1895。

1
2
3
4

No8

雏菊 黛西

雏菊原产于欧洲，为菊科雏菊属一年生草本植物。雏菊的花小巧精致，形似菊花，因此得名“雏”菊。如今，早春开花的雏菊遍布世界大部分国家的草坪绿地，为春季的草坪增添了一丝生机。

插图来自詹姆斯·索尔比（James Sowerby）所著《英国植物学》（*English Botany*），1865—1886。

No9

1 卷耳

2 麦仙翁 麦毒草

3 复活节钟草 大繁缕

4 布谷蝇子草 知更草

5 蝇春罗 德国捕蝇草

石竹科植物的足迹已经遍布世界上大部分的国家和地区，也是田间林下常见的野花种类。石竹科的花瓣顶端具有不整齐的齿裂。石竹科的植物花朵形态多样，浅裂的花瓣犹如刨笔刀刨出的铅笔木屑，深裂的花瓣顶端犹如细细的丝线，如今各个城市的绿岛和花坛中都能经常看到石竹科植物的身影。

插图来自劳登女士所著《英国野花》，1846。

1
5
4
2
3

№10

毛地黄 狐乐草

毛地黄原产于欧洲中南部和墨西哥，为车前科毛地黄属两年生草本植物。这种植物有着高大鲜艳的花序，常被作为园林花卉栽培。此外，毛地黄有着长长的管状花，传说妖怪将毛地黄的花送给狐狸，让它套在脚上从而降低捕猎时的脚步声，因此毛地黄又被称为“狐乐草”。

插图来自威廉·柯蒂斯所著《伦敦植物志》，1775—1798。

№11

1 穗花 穗花婆婆纳
2 灌木婆婆纳
3 石蚕叶婆婆纳
4 鼻花 大大的黄色拨浪鼓
5 马先蒿 小矮人的红色拨浪鼓
6 高山绒铃草
7 小米草 眉草

人们可能已经习惯在路边街角静静趴着的小小野花，它们或平淡素雅，或精巧娇艳，但由于矮小的身姿而常常被人忽视。而有些花朵虽然开在郊野，却不甘平淡，它们有着挺拔直立的总状花序，高调地向这个世界宣告着自己的存在。或许得承认，大型的花朵总是更受欢迎，人们也更热衷于培养这些能够带来更好观赏体验的花朵。

插图来自劳登女士所著《英国野花》，1846。

1
2
3
4
5
6
7

No12

柳叶马利筋 蝴蝶草

柳叶马利筋原产于美国东部和南部，为夹竹桃科马利筋属多年生草本植物。这种植物有着显眼的橙黄色聚伞花序，花朵内丰富的花蜜也使得柳叶马利筋成为招蜂引蝶的好手。此外，柳叶马利筋的种子长有丝状绒毛，成熟后可以借助风力传播。

插图来自 S. T. 爱德华兹（S. T. Edwards）所著《植物手册》（*Botanical Register*），1815。

№13

1 野甘蓝 野白菜
2 白芥
3 海生两节荠 海白菜

十字花科的植物中有许多我们熟悉的农作物，如胡萝卜、卷心菜、大白菜等，也包括图中所展示的这三种。而其中野甘蓝的种植历史已有上千年，我们如今吃的菜花和西蓝花也都是它的栽培品种。

插图来自劳登女士所著《英国野花》，1846。

2
1
3

No14

蓝花西南银莲花 蓝山银莲花

蓝花西南银莲花原产于中欧南部，为毛茛科银莲花属多年生草本植物。蓝花西南银莲花有着自然界中少见的蓝色花朵，是一种优秀的庭园花卉。

插图来自詹姆斯·索尔比所著《英国植物学》，由约翰·爱德华·索尔比（John Edward Sowerby）绘制，1863—1886。

No15

1 布兰达玫瑰 早花野玫瑰
2 毛叶钓钟柳 钓钟柳

玫瑰和月季到底是不是同一种植物的争论已经持续已久，玫瑰和月季同属蔷薇科蔷薇属，从植物学角度确实为两种植物。由于月季的花型大多要比玫瑰好看，真正的玫瑰如同本图中所展示的布兰达玫瑰一样，花型如同一张“大饼脸”，因此花店中售卖的“玫瑰”大多数实为月季。其实区分方法也很简单，玫瑰的叶片有褶皱，而月季的叶片更加光滑。

插图来自 C. P. 特雷尔所著《加拿大野花》，由阿格尼丝·菲茨吉本绘制，1895。

1
2

No16

铃兰 幽谷百合

铃兰原产于亚欧大陆，为天门冬科铃兰属多年生草本植物。这种有着小铃铛般花朵的植物拥有着极大的魅力。六裂的花冠如同雪花的六棱，清雅脱俗，使得这种仅有两片叶子的植物也显得精致起来。在欧式婚礼中，铃兰素雅的花色与洁白的婚纱相得益彰，因此也常用作新娘的手捧花。

插图来自 E. E. 格利德尔（E. E. Gleadall）所著《美丽花卉》(*Beauties of Flora*)，1834—1836。

No17

1 欧洲金莲花 金莲花
2 驴蹄草 金盏花
3 臭铁筷子 臭菘

毛莨科是盛产园艺花卉的家族，除花朵之外，毛莨科中许多植物的叶片也颇具观赏价值。金黄色的欧洲金莲花装扮着北欧的高山牧场；开着黄色小花的驴蹄草则是由于其圆肾形酷似驴蹄子的叶片而出名；臭铁筷子则是得名于其黑色坚硬的肉质根。臭铁筷子有着大部分毛莨科植物特征——花朵的萼片代替了花瓣，有着美丽的斑纹和更加丰富的颜色，而真正的花瓣则退化成细小的管状结构位于花朵中央。

插图来自劳登女士所著《英国野花》，1846。

3
2
1

No18

北美荷包藤 荷包藤

北美荷包藤原产于北美，为罂粟科荷包藤属多年生藤本植物。紫粉色的圆锥花序在弯弯绕绕的藤蔓间犹如一盏盏温暖的小灯，为阴暗的林下世界添上了一抹鲜艳的色彩。

插图来自乔治·L. 古德尔（George L. Goodale）所著《美国野花》（*The Wild Flowers of America*），由艾萨克·斯普拉格（Isaac Sprague）绘制，1886。

№19

1 林生郁金香 郁金香
2 阿尔泰贝母 花格贝母
3 伞花虎眼万年青 伯利恒之星
4 熊葱 野蒜
5 顶冰花 黄顶冰花

百合科的花朵无论开在哪里都有着聚焦目光的作用，多变的花形和丰富的颜色使之成为园艺中的重要花卉。而除了人为培育出来的观赏百合品种，野生的原生百合一样颇具风韵。金色的林生郁金香肆意地生长在欧洲的大地上；花瓣带有方格图案的阿尔泰贝母总能引起人们的啧啧称奇；伞花虎眼万年青除了有素雅的花瓣，其鳞茎上会长出形似虎眼的子球，极具观赏价值；而顶着冰霜开出金黄色花朵的顶冰花则寓意着春天的到来。

除此之外，在本图中格格不入的熊葱则是大蒜的亲戚，有着和大蒜相似的气味。虽然不能在春天开出如百合般美丽的花朵，但是它会用宽厚的叶片铺满欧洲的林地，像地毯一样。

插图来自劳登女士所著《英国野花》，1846。

4
3
5
1
2

No20

葡萄叶铁线莲 老人须

作为观花的藤本植物，铁线莲可以说是“扛把子”级别。丰富多变的花型基因使得这种植物拥有非常庞大的园艺品种数量。而本图所展示的葡萄叶铁线莲则另辟蹊径，用长满灰色绒毛的果实代替花朵进行展示，正是由于这种布满灰色细丝的果实，葡萄叶铁线莲也被形象地称为“老人须”。

插图来自威廉·柯蒂斯所著《伦敦植物志》，1775—1798。

No21

1 岩豆 绒毛花
2 丹麦黄芪 山紫云英
3 四野棘豆 黄棘豆

豆科植物的花大多是颇具特色的蝶形花冠，由5片花瓣构成。其中较大而不对称的一瓣称为旗瓣，旗瓣下方有一对翼状花瓣称为翼瓣，在翼瓣内侧有一对合生舟状的花瓣称为龙骨瓣。

插图来自劳登女士所著《英国野花》，1846。

2
3
1

Nº22

美国土圞儿 美洲花生

美国土圞儿有迹可循的食用历史久远。过去是北美土著用于滋补的主粮之一，可做土豆的升级版替代品，烤一烤还有红薯的味道。美国土圞儿的祖先主要生长在加拿大安大略省至美国佛罗里达州，它喜欢潮湿的环境，多出现在水源附近的灌木丛、山坡或田埂处。由于其颇高的医食价值，后被广泛种植与应用。

插图来自乔治·L. 古德尔所著《美国野花》，由艾萨克·斯普拉格绘制，1886。

No23

1 美洲猪牙花 狗牙堇
2 大花延龄草 亡灵花
3 加拿大耧斗菜 岩石耧斗菜

美洲猪牙花的花朵颜色鲜艳，花型倒垂，而其名字是来源于它宛如野猪的獠牙般反折朝上的花瓣；大花延龄草开着与叶片形状数量一样的菱形花瓣；而加拿大耧斗菜则有着柠檬黄色的花瓣和红色的花萼，这种极为时尚明亮的配色宛如一座黑暗中的灯塔吸引着传粉昆虫前来。

插图来自 C. P. 特雷尔所著《加拿大野花》，由阿格尼丝·菲茨吉本绘制，1895。

3
2
1

No24

硬毛小金梅草 金星草

硬毛小金梅草原产于美国，为仙茅科小金梅草属多年生草本植物。这种生于荒山野地的矮小草本植物有着明亮的黄色花朵，6片花瓣排列成星状，即使花朵较小，但依旧成为荒败山野间的“一颗明星”。

插图来自乔治·L.古德尔所著《美国野花》，由艾萨克·斯普拉格绘制，1886。

№25

1 扁茎异燕麦 扁茎燕麦草
2 毛轴异燕麦 穗序三毛草
3 黄穗三毛草 黄燕麦草
4 欧洲普通芦苇 芦苇

我们生活中常见的杂草大多是禾本科植物，而我们吃的主食大多也是禾本科植物。禾本科植物的足迹早就已经遍布了世界的大部分地区。而禾本科植物无论大小，其实大部分都有着直立的茎，也被称为秆。花朵大多没有花柄，而是在小穗轴上交互排列成 2 行形成小穗。

插图来自安妮·普拉特所著《大不列颠开花、草类、莎草和蕨类植物》，1899—1905。

1
4
3
2

No26

糠百合 卡马百合

糠百合原产于北美，为天门冬科糠米百合属的球根花卉。由于其具有较高的耐寒性，因此可以在秋冬季节种下球根，以便在次年春季开花。糠百合的花茎直立挺拔，花型优雅高傲，适合群植在庭院中。

插图来自 J. 林德利（J. Lindley）所著《爱德华的植物学手册》(*Edward's Botanical Register*)，1832。

№27

1 蜜异香草 拟香膏
2 美丽鼬瓣花 鼬瓣花
3 林地水苏 水苏
4 紫花野芝麻 斑点野芝麻
5 欧活血丹 连钱草

说起唇形科的植物，值得一提的就是该科植物普遍富含芳香油。本图中所展示的蜜异香草可以提炼出香气浓郁的芳香精油，常被用作香膏的材料。此外，唇形科的花为唇形花冠，是由上面由二裂片合生的上唇和下面三裂片结合构成的下唇组合而成。

插图来自劳登女士所著《英国野花》，1846。

2
3
1
4
5

No28

北美蔓虎刺 蔓虎刺果

北美蔓虎刺原产于北美东部地区，为茜草科蔓虎刺属多年生藤本植物。漏斗状的小花远不如其鲜红的果实引人注目。这些红色的小果随匍匐茎紧挨着地面生长，宛如森林里不小心撒出的一颗颗糖果。

插图来自乔治·L. 古德尔所著《美国野花》，由艾萨克·斯普拉格绘制，1886。

№29

1 猩红火焰草 火焰杯
2 盔花兰 花架兰
3 印度天南星 千斤顶
4 全缘金光菊 小洋葱

这些生长在加拿大的野花同样不遗余力地装扮着荒野，明亮的颜色使得它们能在杂乱的荒野中吸引着传粉者前来。

插图来自 C. P. 特雷尔所著《加拿大野花》，由阿格尼丝·菲茨吉本绘制，1895。

1
2
3
4

No30

狭叶松果菊 紫松果菊

狭叶松果菊原产于北美，为菊科松果菊属多年生草本植物。松果菊顾名思义，就是“花心”隆起像一个松果。其实松果菊的花是头状花序，中间密集的管状花组成了“松果”结构。

插图来自乔治·L. 古德尔所著《美国野花》，由艾萨克·斯普拉格绘制，1886。

№31

1 肺草 兜藓
2 小花紫草 紫草
3 块茎聚合草
4 玻璃苣
5 小牛舌草
6 冬沫草 绿朱草
7 红花琉璃草 红狗舌
8 花葱 希腊缬草

紫草科植物多数生长于荒山田野、山坡碎石中，恶劣的环境并不能使其暗淡无光，反而使紫草科中有许多优秀且具有特色的观赏品种。其中肺草叶片上的暗色斑点，使其像一个病变的肺，这也使得肺草曾被认为可以治疗结核病。而玻璃苣的小花有着幽深的蓝色，并且种子富含油脂，是兼具观赏和实用的优秀花卉。

插图来自劳登女士所著《英国野花》，1846。

8
2
4
3
6
7
5
1

No32

柳兰 遍山红

柳兰广泛分布于北半球温带和寒带，为柳叶菜科柳兰属多年生草本植物。柳兰作为一种生长在林下的先锋物种，每一棵植株成熟后能产生8万粒种子随风扩散。当森林被砍伐或野火焚烧之后，埋藏于地下的柳兰种子便迅速发芽，成为这片新生土地上的第一批主人。

插图来自《柯蒂斯植物学杂志》，由詹姆斯·索尔比绘制，1790。

No33

1、2 绒毛小花杓兰

黄色女士拖鞋兰

3 变色鸢尾 大蓝旗

4 小果越桔 小红莓

这些来自加拿大的野花生长于深山幽谷，溪边林下，明艳大气的花朵点缀着人迹罕至的土地。

插图来自 C. P. 特雷尔所著《加拿大野花》，由阿格尼丝·菲茨吉本绘制，1895。

1
2
3
4

No34

香忍冬 金银花

香忍冬为忍冬科忍冬属灌木植物，常见于欧洲和北非的林地和树篱丛中。香忍冬有着非常好看的黄色花朵，而花瓣背面则是迷人的红色，花开时香气四溢，是一种优良的观赏植物。

插图来自詹姆斯·索尔比所著《英国植物学》，1863—1886。

№35

1 罂粟 白罂粟
2 虞美人 玉米罂粟
3 花椒罂粟 刺罂粟
4 光果野罂粟 黄罂粟

罂粟和虞美人时常被人弄混，闹出过看见成片的虞美人而误认为是罂粟从而报警的乌龙。事实上，虞美人的茎和花萼上密布着刚毛，而罂粟则较为光滑，并且在外表覆盖一层白色粉末。抛开罂粟某些不好的特性，罂粟科的植物大多都有着大而美丽的花朵。

插图来自劳登女士所著《英国野花》，1846。

1
4
2
3

No36

毛地黄钓钟柳

白花钓钟柳

毛地黄钓钟柳原产于美洲，为车前科钓钟柳属多年生草本植物。本种植物有着类似于毛地黄般的管状白色花朵。

插图来自《柯蒂斯植物学杂志》，由 J. 柯蒂斯绘制，1825。

No37

1 椭圆鹿蹄草 可爱鹿蹄草
2 独丽花 单花鹿蹄草
3 覆盆子 香莓
4 美洲婆婆纳 虎尾草

鹿蹄草科植物大多株型矮小，喜爱林下荫地，小巧的花朵不仅不会被山石杂草掩盖，反而在幽深的环境中散发着独特的魅力。而香花覆盆子的花在这片充满着奇花异草的森林中并不出众，不过等到花朵凋谢之后，美味的果实又使其成为整片森林中最炙手可热的明星。

插图来自 C. P. 特雷尔所著《加拿大野花》，由阿格尼丝·菲茨吉本绘制，1895。

3
4
2
1

2
3
1

№38

1 野燕麦 野燕麦
2 毛燕麦（德国燕麦） 毛燕麦
3 青异燕麦 燕麦草

燕麦为禾本科燕麦属一年生草本植物。燕麦的名字来源于小穗基部的两个叶状颖片，两侧开叉的颖片上布满了白绿相间的条纹，酷似燕子的尾羽。作为如今健康膳食重要一员的燕麦，在过去最主要的作用其实是喂马，之后随着战马退出历史舞台后，这种富含不饱和脂肪酸和可溶性膳食纤维的植物才逐渐登上了人们的餐桌。

插图来自安妮·普拉特所著《大不列颠开花、草类、莎草和蕨类植物》，1899—1905。

№39

1 水千里光 水豚草
2 滨菊 金盏花
3 春黄菊 洋甘菊
4 蓍 蓍草
5 黑矢车菊
6 水飞蓟 奶蓟草
7 橙黄细毛菊 橙黄山柳菊
8 婆罗门参 黄山羊须
9 菊苣

菊科作为双子叶植物的第一大科，拥有约 1000 属，25000 ～ 30000 个物种。无论在山野郊外还是花园盆栽，都能轻易见到它们的身影。

插图来自劳登女士所著《英国野花》，1846。

1
2
3
4
5
6
7
8
9

№40

香蓟 牧场蓟

香蓟为菊科蓟属多年生草本植物。其极具特色的头状花序使整朵花形似一颗菠萝。

插图来自乔治·L. 古德尔所著《美国野花》，由艾萨克·斯普拉格绘制，1886。

Palms

棕榈篇

E. J. del et zinc

Palmaceæ

The Palm Tribe.

Day & Son Lithrs to The Queen

篇首语

棕榈科植物无疑是最经典的植物学符号之一。在全世界人们的认知和文化中，棕榈科植物拥有不分枝、有柱子般的树干和特征性巨大叶片的特点。也许人们没有意识到这一点，但几乎每个人都知道棕榈树是什么。这种象征其实只是棕榈科植物的表象。本篇会抛开棕榈科植物最简单的脸谱化标签，带你发现这种植物在物种、形式和生物特性等方面令人惊叹的多样性，并且认识棕榈树那无穷无尽支持人类生计的方式。

棕榈植物属于棕榈科（Arecaceae），通常被叫作棕榈树（Palmae）。它们基本上都是热带植物。棕榈树的标志性结构导致它们有一个致命的弱点——抗冻能力差，因为冰冻会破坏它们的导管和筛管。迄今为止，人们发现的几乎所有棕榈科植物都位于热带和亚热带地区，只有少数耐寒的种类出现在北至法国南部，南至新西兰附近的查塔姆群岛。在地球逐渐变暖的时期，棕榈树的生长范围也更广，其足迹甚至延伸至格陵兰岛和南极洲。5000 万年前，棕榈树甚至堵塞了伦敦的泰晤士河河口。

西方科学界已知有近2600个棕榈树种，而且每年都有更多的新种被发现。这些物种中有700多个是在美洲被发现的。在亚马孙地区，最常见的10个树种中有6个是棕榈树。其中最多的要数哥伦比亚埃塔棕（*Euterpe precatoria*），可能有超过50亿个个体。棕榈树是森林本身运作的基础。南美洲也是拥有怪异支柱根棕榈树的家园，如伊里亚椰（*Iriartea deltoidea*）。它巨大的锥状支柱根像腿一样，引发了棕榈树能在雨林中“游荡”的神话传说。

亚太地区有1500多个棕榈树种，其中许多种类只限于该地区群岛中的单个岛屿。在这里，我们发现了大量的攀缘棕榈树（藤类）、优雅的扇形棕榈树（轴榈属植物）和奇异的微型棕榈树（如山槟榔属和隐萼椰属植物），它们在森林下层非常丰富。相比之下，也许是由于过去的大灭绝，非洲大陆只有66种棕榈树。不过，棕榈树在非洲的重要程度毫不逊色，包括酒椰（*Raphia*）和现在声名狼藉的油棕榈（*Elaeis guineensis*）。但奇怪的是，有200多种棕榈树生长在邻近非洲大陆的马达加斯加。几乎所有这些棕榈树都是地方性的（它们没有在其他地方自然生长）。

棕榈树拥有独特的构造和巨大的树干，这种承重结构让它们能够打破许多植物学纪录。非洲的九椰属植物（*Raphia regalis*）拥有世界上最大的叶子，长度超过25米。贝叶棕（*Corypha*

umbraculifera）则有着最大的花序。这个约 8 米的巨大分枝状花序结构位于叶子上方，足以开出 2400 万朵花，这使得整个枝条的总长度可以达到 9 米。这样开花会耗尽它的全部精力，当花开过后，这种扇形棕榈也将迈向死亡。所有棕榈树纪录中最有名的是世界上最大的种子，是由塞舌尔双椰子（*Lodoicea maldivica*）产生的，其重量可达 20 千克。棕榈树不仅仅是“巨无霸”，它们在大小和生长方式上也有很大的差异。有细小的几乎像草本植物的棕榈，无茎干结构的灌木类棕榈，树干匍匐在地上的匍匐类棕榈，以及茎部可以攀爬到雨林树冠的强壮藤类棕榈。如果不仔细观察的话，人们就会很容易抱怨所有棕榈树看起来都一样。

棕榈树的结构所创造的奇迹不仅仅在于植物学上，它们独特的构造也为人类生计的方方面面提供了支持。它们的茎长而直，易于分割，可用于建筑；它们的叶子可用作草屋顶或用于编织物。棕榈树的产量很高，可以生产可食用果实或油性的种子（如椰子和椰枣），在其茎中积累可食用的淀粉（西米），而其汁液可以发酵成酒精或熬煮成糖。在经济价值上，只有稻类和豆类能与之匹敌，尽管棕榈树并不能作为大规模的生产作物，但它们在生计层面的多种用途却更胜一筹。棕榈树之所以能真正赢得“生命之树”的称号，是因为它为世界上一些最贫穷的地区提供了必要的资源。

棕榈树的这些特点让我们保护其免于灭绝也变得更加重要。像地球上的所有生命一样，棕榈树面临着来自栖息地丧失和气候变化的生存威胁，因其价值对人类的意义导致的定向开发，同样也会增加它们灭绝的风险。在马达加斯加，森林破坏和贫困使当地棕榈资源灭绝的风险达到了相当可怕的程度，甚至 80% 以上的棕榈树种在被发现前，就面临着灭绝的风险。

邱园的科学家对棕榈树的研究已长达一个多世纪。在维多利亚时代，他们在邱园开创性的经济植物学博物馆中进行了充分的展示，当然还有棕榈树馆——一座为热带植物所建造的玻璃温室。邱园的第二任董事约瑟夫·道尔顿·胡克在 1883 年对棕榈树进行了分类，这一分类方法在 100 年内几乎没有受到质疑。

自 20 世纪 70 年代中期以来，一项重点研究计划揭示了有关物种多样性、分类、进化、自然历史、用途和保护等的大量新知识。我们将这一传统延续至今，将独特的馆藏用于最前沿的科学研究。

生物世界需要代言人。对于棕榈树来说，这一点与其他生物一样。本篇摘录了邱园大量藏品中的植物艺术，展示了棕榈树的神奇之处，并鼓励你为它们发声。我们希望读者在今天也可以体验到那些先驱植物学家和艺术家在探索棕榈树并了解其用途时的激动心情。更关键的是，当我们探索世界上现存的热带雨林时，

也正是发现未知棕榈树的关键时刻。

威廉·J. 贝克（William J. Baker）
比较植物学和真菌生物学负责人
英国皇家植物园·邱园

棕榈篇

从荒岛上的椰子到人们喜爱的家养植物，本篇展示了一个多样化和美丽的棕榈世界。这40幅郁郁葱葱的植物群绘画，来自世界上最大的植物图书馆之一的邱园图书馆以及艺术珍藏和档案馆。

邱园专家威廉·J. 贝克撰写了棕榈树的篇首语，本篇中每幅手绘图都有详细的说明，使得本篇内容充满魅力。

Tenga. latina.
Malabarica.
Arabica.
lingua Bramanica antiqua.

Antoni Jacobi Goedkint delineavit.
B. Stoopendael fecit.

No1

槟榔 醉酒果

槟榔原产于东南亚，为棕榈科槟榔属乔木。槟榔的种子里含有的槟榔碱具有致幻性和成瘾性，因此在多地被大量种植。但是长期食用槟榔会导致很高的致癌风险。

插图来自约翰·杰拉德（John Gerard）所著《植物通史》（*Generall Historie of Plantes*），1636。

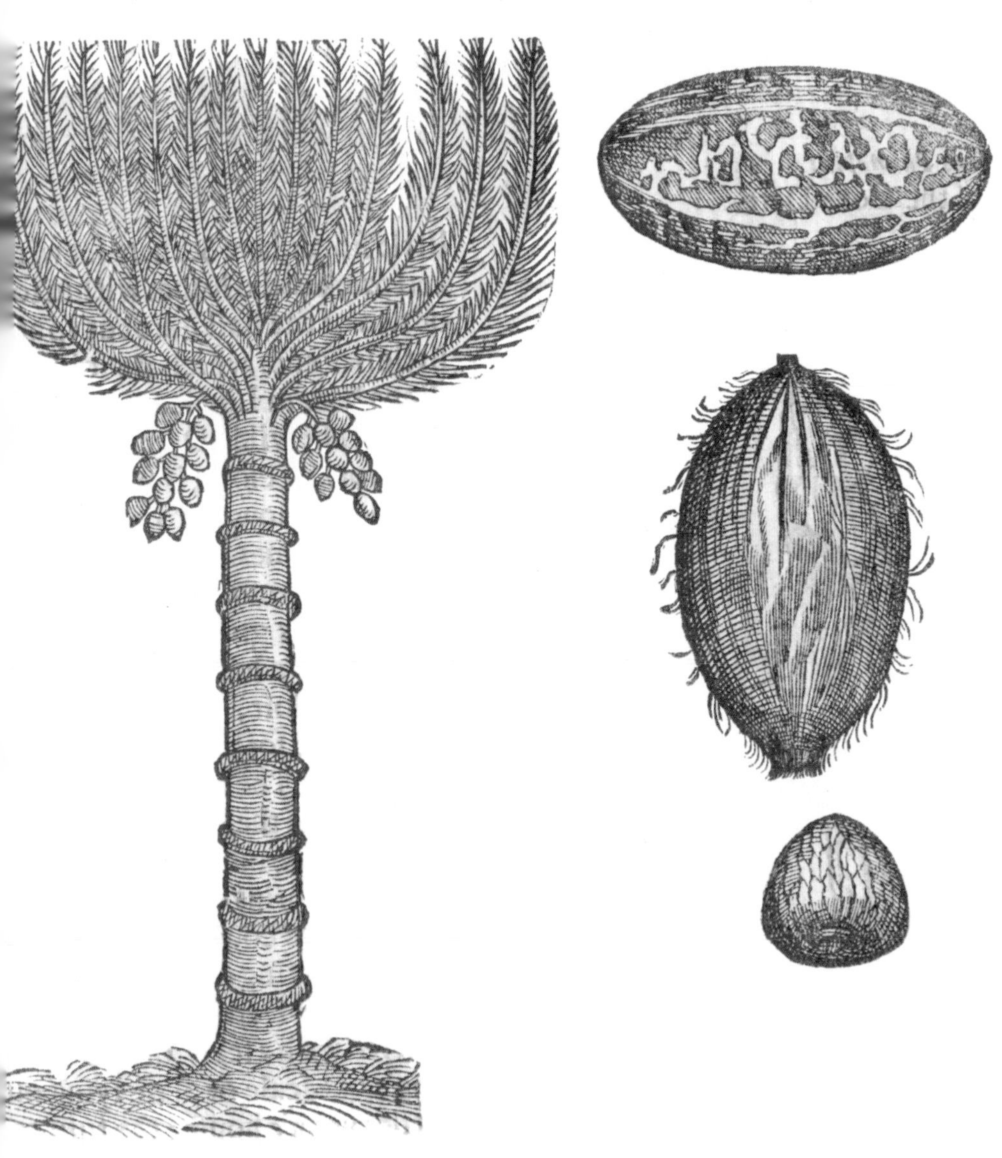

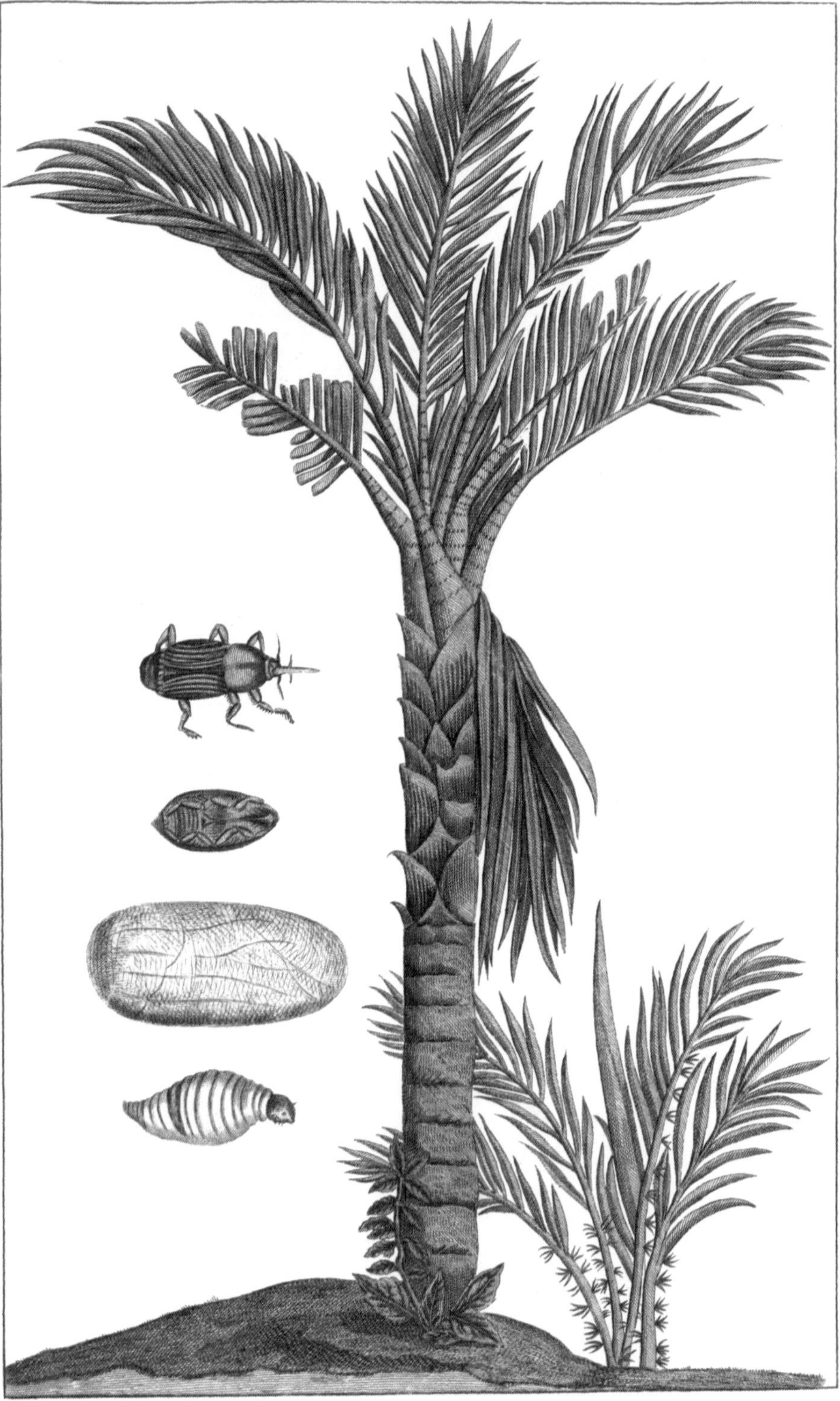

№2

西谷椰 西米椰子

西谷椰原产于新几内亚的沼泽地区，为棕榈科西谷椰乔木。这种棕榈的茎髓中富含淀粉，在东南亚和日本等地会被制成米粉和粉丝食用，是一种优良的经济植物。

插图来自乔治·埃弗哈德·朗夫（Georgius Everhardus Rumphius）所著《大众本草》（*Herbarium Amboinense*），1750。

No3

油棕 非洲油棕

油棕原产于非洲热带地区，为棕榈科油棕属乔木。油棕是一种重要的油料植物，油棕的果实成熟后含有大量油脂，经过压制榨油后，剩余的果实残渣富含纤维，可作为生物燃料和动物饲料，如今已作为经济植物在世界范围内被大量种植。

插图来自尼古劳斯·约瑟夫·冯·杰昆（Nicolaus Joseph von Jacquin）所著《美洲标本选编》（*Selectarum Stirpium Americanarum Historia*），1780—1781。

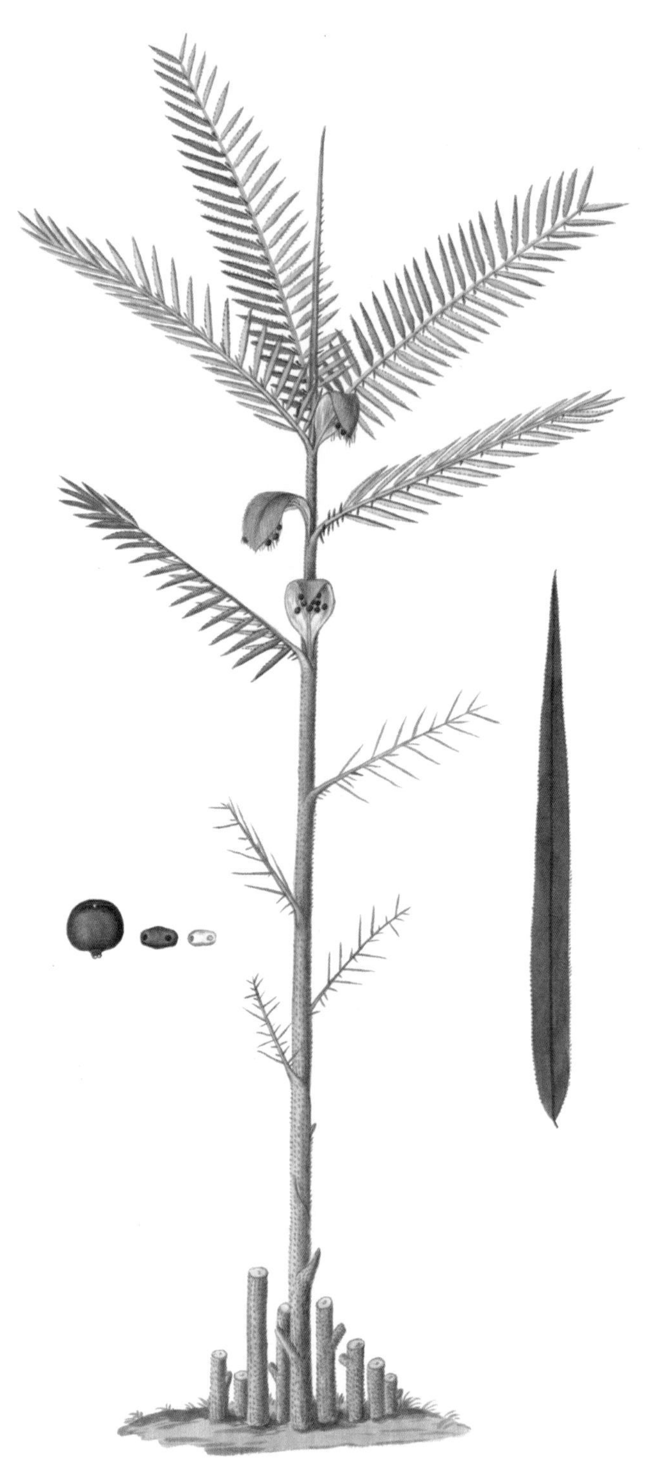

No4

几内亚桃果椰子（多巴哥刺果棕）

多巴哥甘蔗

几内亚桃果椰子原产于美国，为棕榈科桃果椰子属乔木。其成熟的果实含有糖分，在委内瑞拉常被用于制作一款当地特色的酒精饮料。除此之外，几内亚桃果椰子树的树干还可以被制成一种名为 Guacharaca 的民间乐器。

插图来自尼古劳斯·约瑟夫·冯·杰昆所著《美洲标本选编》，1780—1781。

No5

桄榔 羽叶糖棕

桄榔原产于印度和东南亚，为棕榈科桄榔属乔木。本种棕榈开有鲜艳的黄色花序，这些花朵中富含糖分，当地人会使用这种花来酿酒，此外，树髓含有淀粉，种子含糖量丰富，这些部位均可被作为食材。

插图来自邱园19世纪20年代乔治·芬利森（Geroge Finlayson）收藏品中不知名艺术家的画作。

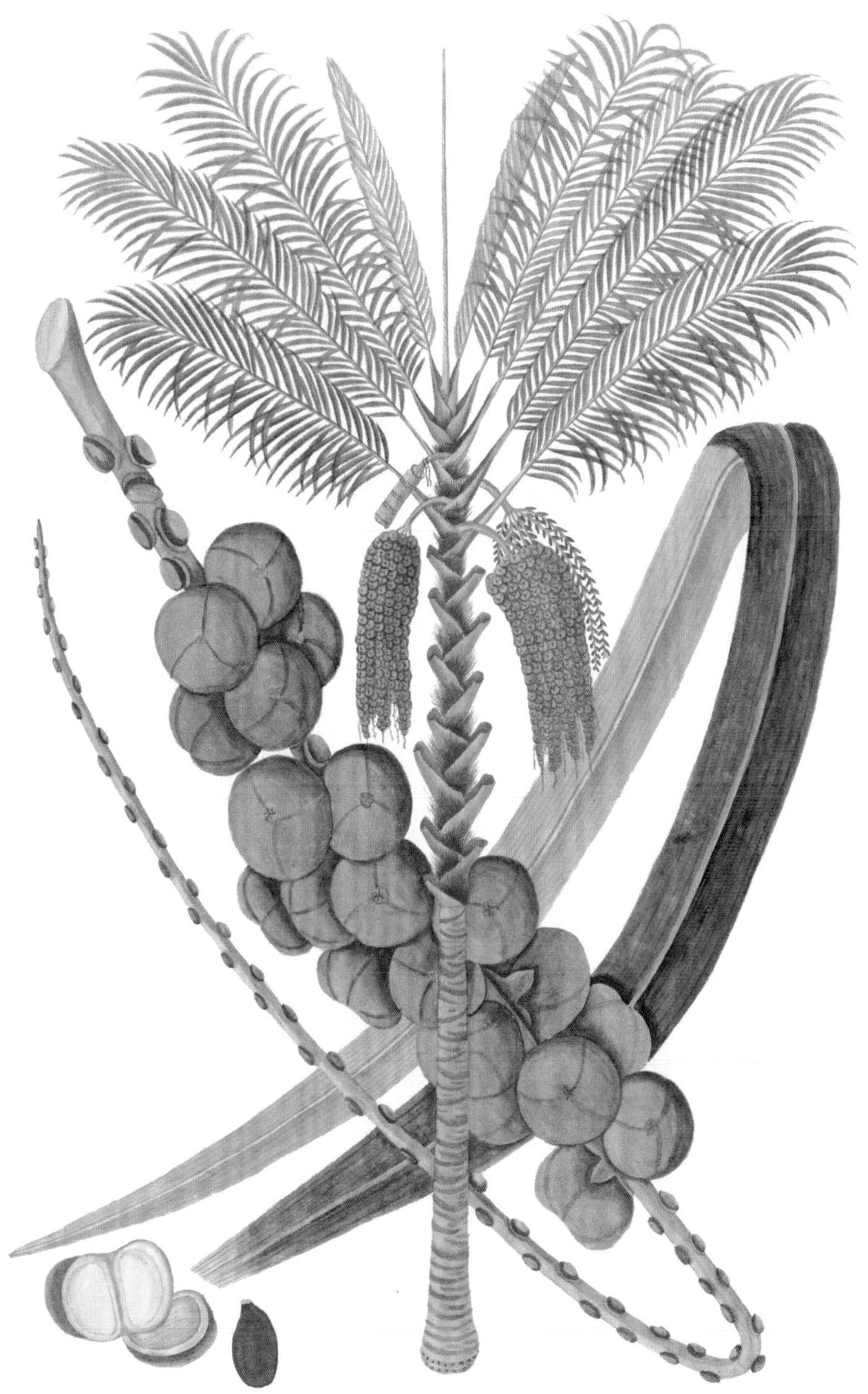

No6

琴叶瓦理棕 琴叶椰

琴叶瓦理棕原产于亚洲热带地区，为棕榈科瓦理棕属灌木。本种棕榈的羽片具有提琴状的潜裂，常被用作庭院观赏植物种植。

插图来自邱园19世纪的藏品，由威廉·罗克斯伯格（William Roxburgh）委托的不知名印度画家所绘。

No7

尼梆刺椰 尼梆椰

尼梆刺椰为棕榈科尼梆刺椰属乔木。本种棕榈拥有细长优美的羽片和美丽的黄色花序，植株顶端的嫩芽是一种珍贵的食材，但是由于茎干密布了细长的黑色尖刺，这种食材的获取尤为困难。

插图来自邱园19世纪20年代乔治·芬利森收藏品中不知名艺术家的画作。

No8

小省藤（细茎省藤）

小省藤原产于亚洲的热带地区，为棕榈科省藤属攀缘藤本植物。本种棕榈的羽状叶片成对生长，粗壮的叶脉上生有细小的刺。由于其藤茎具有很强的韧性，因此在产地的人们会使用这种棕榈的藤茎编织藤器。

插图来自邱园19世纪的藏品，由威廉·罗克斯伯格委托不知名印度画家所绘。

No9

勐捧省藤（柳条省藤） 藤棕

勐捧省藤为棕榈科省藤属攀缘藤本植物。本种棕榈的羽状叶片 2 ～ 4 片成组生长，粗壮的茎在勐腊的傣族村寨中常被用于编制材料。

插图来自邱园 19 世纪的藏品，由威廉·罗克斯伯格委托不知名印度画家所绘。

No10

瑶山省藤 藤棕

瑶山省藤原产于中国广西，为棕榈科省藤属攀缘藤本植物，是当地的特有的品种。本种棕榈拥有大而整齐的叶片，36 枚羽片密集分排列在中轴两侧。巨大的叶片使得这种植物具有很高的观赏价值。

插图来自威廉·格里菲思（William Griffith）和约翰·麦克莱兰（John McClelland）所著《英属东印度的棕榈树》（*Palms of British East India*），由不知名印度画家所绘，1850。

No11

盾叶轴榈 扇叶棕

盾叶轴榈为棕榈科轴榈属灌木植物。作为世界各地棕榈园中的明星植物，盾叶轴榈具有直立叶柄，叶柄顶端生有如同巨型圆扇般的叶片。新叶挺立，老叶微垂，错落有致，使其在以观叶为主的棕榈科植物中脱颖而出。

插图来自邱园19世纪的藏品，由威廉·罗克斯伯格委托不知名印度画家所绘。

№12

长柄轴棕 扇叶棕

长柄轴棕原产于马来西亚，为棕榈科轴榈属灌木植物。由于植株不高，为雨林中的林下植物。其叶片深裂为轮状，小巧的植株与巨大圆润的叶片相得益彰，极具观赏价值。

插图来自威廉·格里菲思和约翰·麦克莱兰所著《英属东印度的棕榈树》一书，由不知名印度画家所绘，1850。

No13

山棕榈 喜马拉雅扇叶棕

山棕榈原产于喜马拉雅山的中部和东部，为棕榈科棕榈属乔木。本种棕榈树形笔直高大，成年植株可高达 17 米，叶片呈经典蒲扇形，其边缘具有细密的锯齿。由于茎干裸露不生网状纤维，因此可以清晰地看见老叶脱落后留下的痕迹。

插图可能是邱园瓦里茨藏品（Wallich Collection）中维什努珀索（Vishnupersaud）的画作，1825。

No14

蒲葵 圆叶蒲葵

蒲葵为棕榈科蒲葵属乔木。蒲葵作为一种古老的经济植物陪伴人类已久，其嫩叶可以制成蒲扇，老叶可以制成蓑衣，中轴叶脉可以撕裂制成牙签，果实和根可药用。除此之外，大而如扇的叶片四季常青，已经成为热带和亚热带地区常见的绿化树种。

插图来自邱园18世纪公司画派藏品中不知名亚洲画家的画作。

No15

美丽蒲葵 詹金斯蒲葵

美丽蒲葵为棕榈科蒲葵属乔木。本种棕榈具有大而圆的深绿色叶片，叶片上部深裂，在云南地区是一种常见的绿化树种。

插图来自威廉·格里菲思和约翰·麦克莱兰所著《英属东印度的棕榈树》一书，由不知名印度画家所绘，1850。

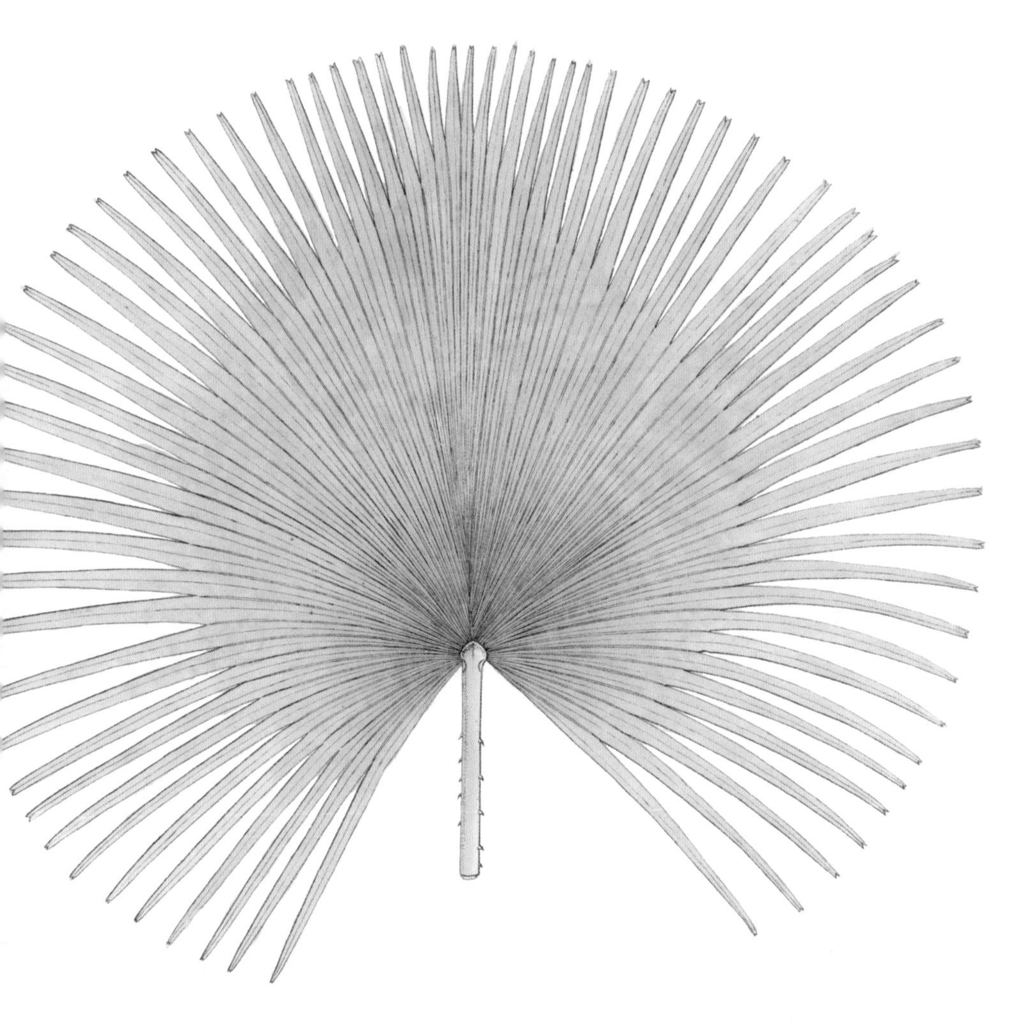

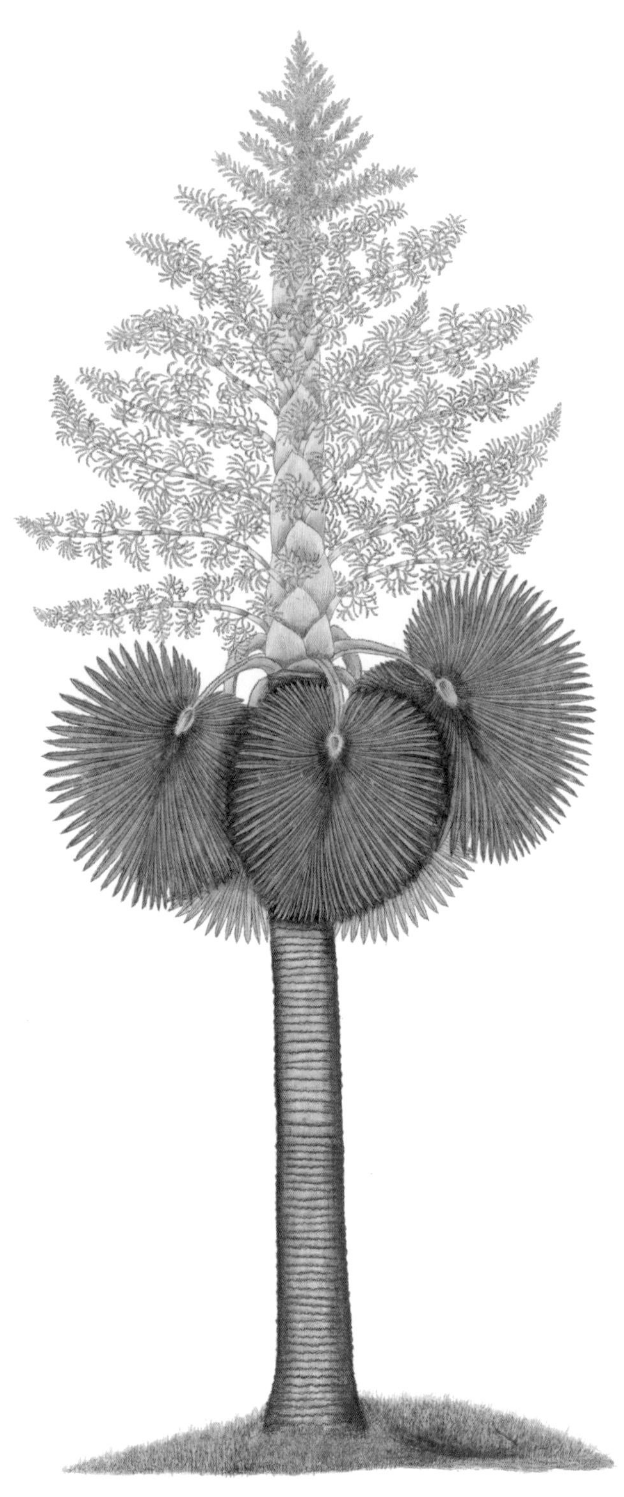

No16

孟加拉贝叶棕

孟加拉贝叶棕为棕榈科贝叶棕属乔木植物。本种棕榈拥有所有植物中最大的花序，每次开放可达2000万朵以上的花。如此庞大的开花量所需的代价则是该种植物开花需要消耗极大的能量，导致植株会在果实成熟后死去。

插图来自威廉·格里菲思和约翰·麦克莱兰所著《英属东印度的棕榈树》一书，由不知名印度画家所绘，1850。

No17

纤细山槟榔

纤细山槟榔为棕榈科山槟榔属灌木植物。羽状的叶片可长达 70 厘米，大多为 4 片对生叶羽状。成串的果实成熟后为鲜红色，具有很高的观赏价值。

插图来自威廉·格里菲思和约翰·麦克莱兰所著《英属东印度的棕榈树》一书，由不知名印度画家所绘，1850。

№18

多刺椰 山地桐檬树

多刺椰原产于印度和马来西亚，为棕榈科尼梆刺椰属乔木植物。大而厚重下垂的羽状叶片如同羽毛一般生长于植株顶端，茎干上密生有黑色的刺。

插图来自威廉·格里菲思和约翰·麦克莱兰所著《英属东印度的棕榈树》一书，由不知名印度画家所绘，1850。

№19

沼生轴榈（三叶轴榈） 扇叶棕

沼生轴榈为棕榈科轴榈属灌木植物。除了本图中所展示的三叶品种，本种棕榈还有五叶和全叶不开裂的品种。由于植株整体较矮，因此是一种优秀的林下观赏棕榈。

插图来自威廉·格里菲思和约翰·麦克莱兰所著《英属东印度的棕榈树》一书，由不知名印度画家所绘，1850。

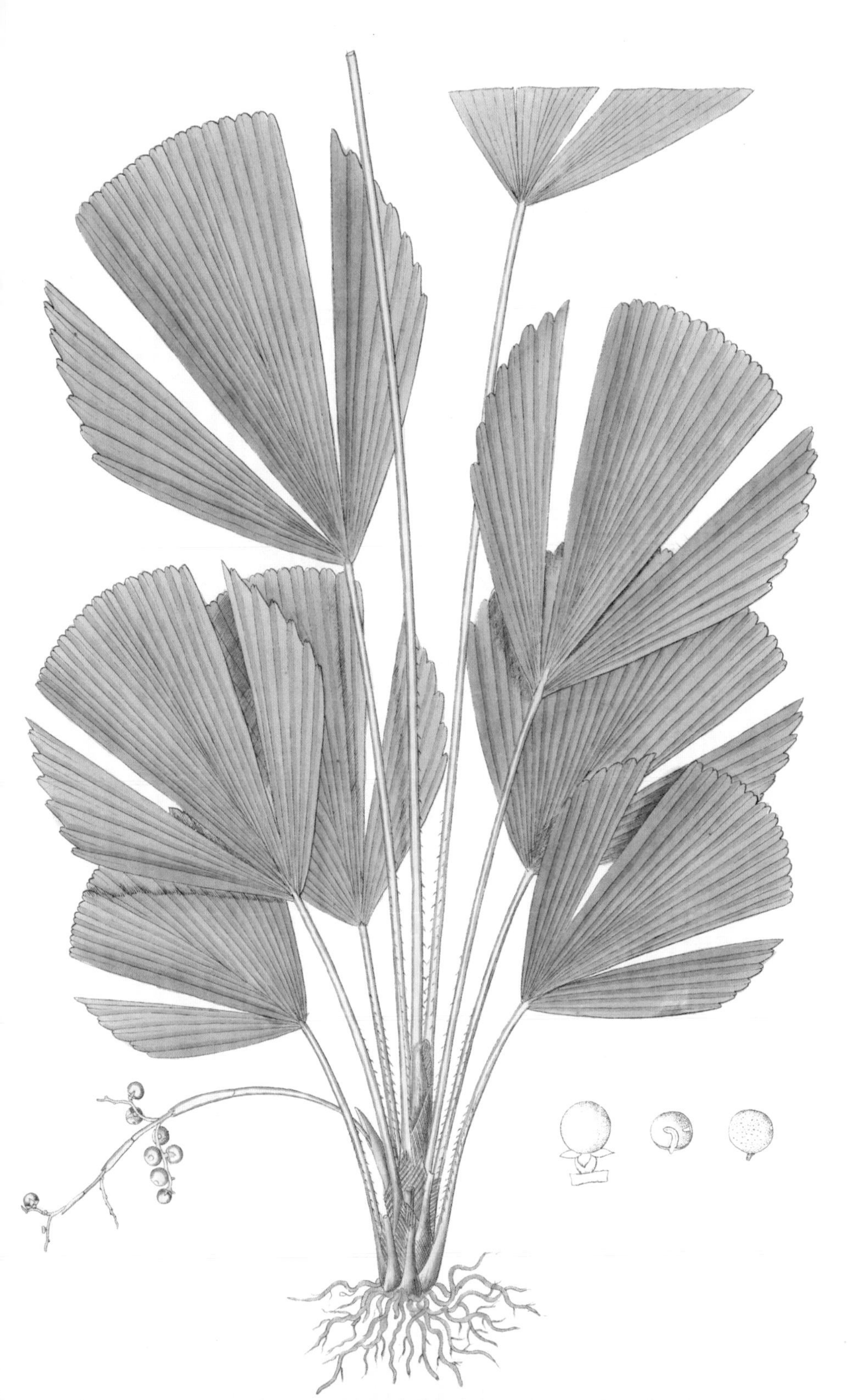

No20

短穗鱼尾葵 缅甸鱼尾棕

短穗鱼尾葵原产于东南亚，为棕榈科鱼尾葵属乔木植物。本种棕榈拥有小而浅绿的羽状叶片，形似鱼尾，是一种优秀的观赏棕榈。但是其果实富含草酸，接触皮肤后会产生烧灼感，因此极少被用于行道观赏树木。

插图来自威廉·格里菲思和约翰·麦克莱兰所著《英属东印度的棕榈树》一书，由不知名印度画家所绘，1850。

No21

暗穗刺果椰 玻淡棕榈

暗穗刺果椰产于泰国和马来西亚，为棕榈科刺果椰属灌木植物。本种棕榈的叶片自基部生出，具有长长的叶柄，密被细小的黑刺。由于叶片纤维含量丰富，质地坚韧，因此在原产地被广泛用于建筑和编制材料。

插图来自威廉·格里菲思和约翰·麦克莱兰所著《英属东印度的棕榈树》一书，由不知名印度画家所绘，1850。

No22

马来椰 卡拉帕桄榔

马来椰原产于新几内亚和所罗门群岛，为棕榈科拱叶椰属乔木植物。本种棕榈的叶片尖端向下弯曲，整个叶形呈拱形，单干型的茎干上具有非常明显的叶环痕。

马来椰的果实大而鲜红，当地人会将这种果实当作槟榔的替代品。由于具有独特的树冠造型，因此马来椰也成了热带地区常见的观赏树种。

插图来自威廉·格里菲思和约翰·麦克莱兰所著《英属东印度的棕榈树》一书，由不知名印度画家所绘，1850。

№23

水椰 红树林棕榈

水椰广泛分布于亚洲的潮间带和河口地区，为棕榈科水椰属灌木植物。水椰与红树林的生长条件相似，经常与红树林混生，在涨潮时形成成片的“海上森林”。水椰的果实为果冻质地，口感鲜嫩，味道介于椰子和荔枝之间，可生食，也可糖渍，富含纤维的叶片可用于草屋顶，也可作为编织材料。

插图来自邱园19世纪公司画派藏品中不知名亚洲画家的画作。

椶李樹
勇

No24

棕榈 山棕榈

棕榈原产于中国的中部地区，为棕榈科棕榈属常绿乔木植物。本种植物具有扇形的叶鞘，茎干上生有网状纤维，具有极高的工艺价值。棕榈作为世界上最耐寒的棕榈科植物之一，同时有着漂亮的蓝黑色果实，因此常被种植于路边、庭院，以及用于构建具有热带特色的景观。

插图来自邱园19世纪50年代罗伯特·福琼藏品（Robert Fortune Collection）中不知名中国画家的画作。

No25

杜银棕 拉塔尼尔棕

杜银棕原产于加勒比海群岛，为棕榈科银棕属植物。本种棕榈的茎上密生有黑褐色的皮刺，大而圆的叶片背面是美丽的银灰色。

插图来自奥斯瓦尔德·查尔斯·尤金·玛丽·吉斯兰·德·克尔乔夫·德·登特赫姆（Oswald Charles Eugene Marie Ghislain de Kerchove de Denterghem）所著《棕榈》（*Les Palmiers*）一书，由彼得·德·潘尼迈克（Pieter de Pannemaeker）绘制，1878。

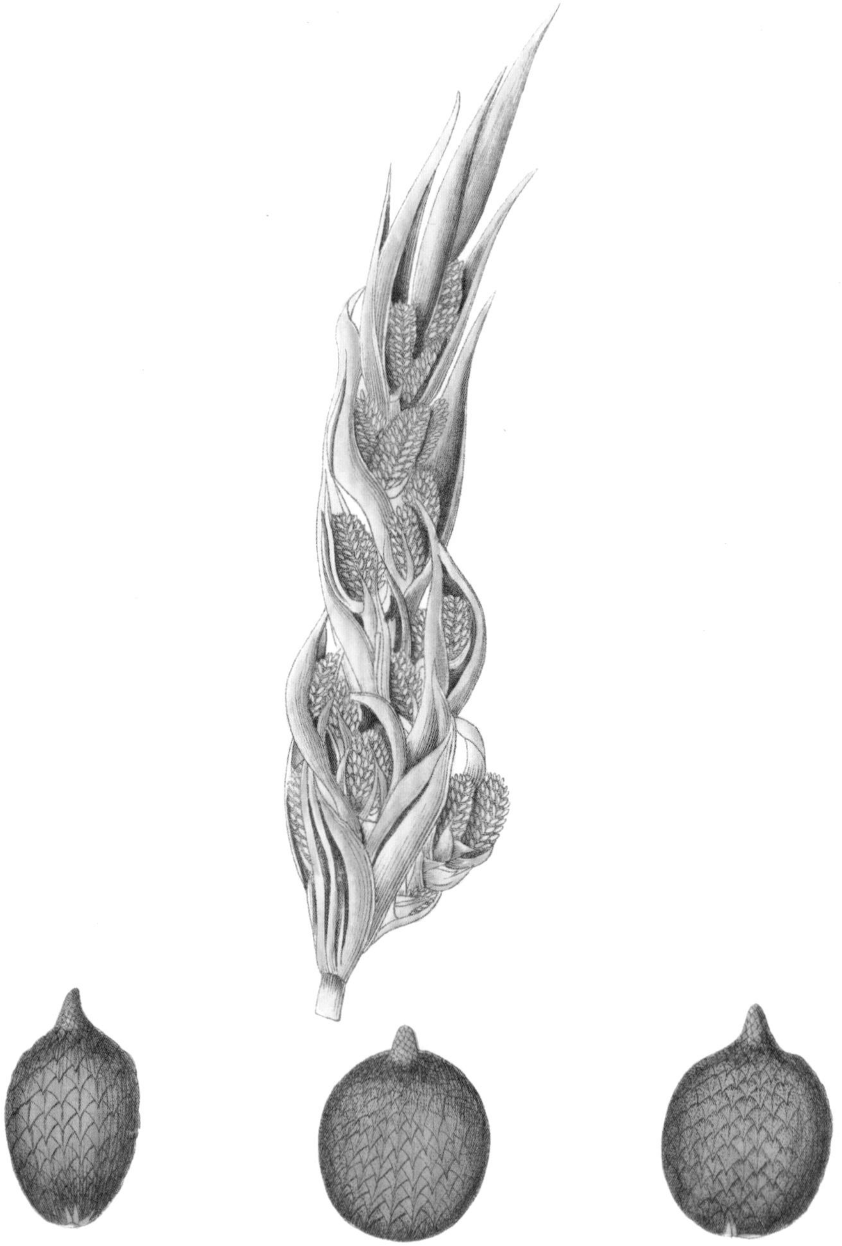

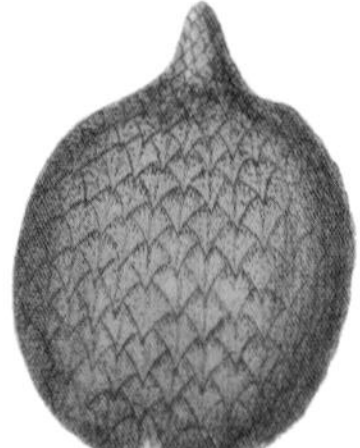

№26

萨拉卡棕 红萨拉卡棕

萨拉卡棕为棕榈科蛇皮果属灌木植物。本种棕榈具有长而直的叶柄，叶柄上生有细长的尖刺。萨拉卡棕的果实成熟后有着褐色的鳞状表皮，甜中带酸，是很好的经济棕榈树。

插图来自威廉·格里菲思和约翰·麦克莱兰所著《英属东印度的棕榈树》一书，由不知名印度画家所绘，1850。

No27

毛里特拉棕

毛里特拉棕为棕榈科南美棕属灌木。本种棕榈的茎干下部生有极具特色的圆锥状气生根，这种结构让毛里特拉棕在季节性水灾和干旱中得以继续生存。毛里特拉棕的果实软弹可口，在秘鲁广受欢迎。

插图来自卡尔·弗里德里克·菲利普·冯·马蒂纳斯（Karl Friedrich Philipp von Martius）所著《棕榈简史》（*Historia Naturalis Palmarum*），1823—1853。

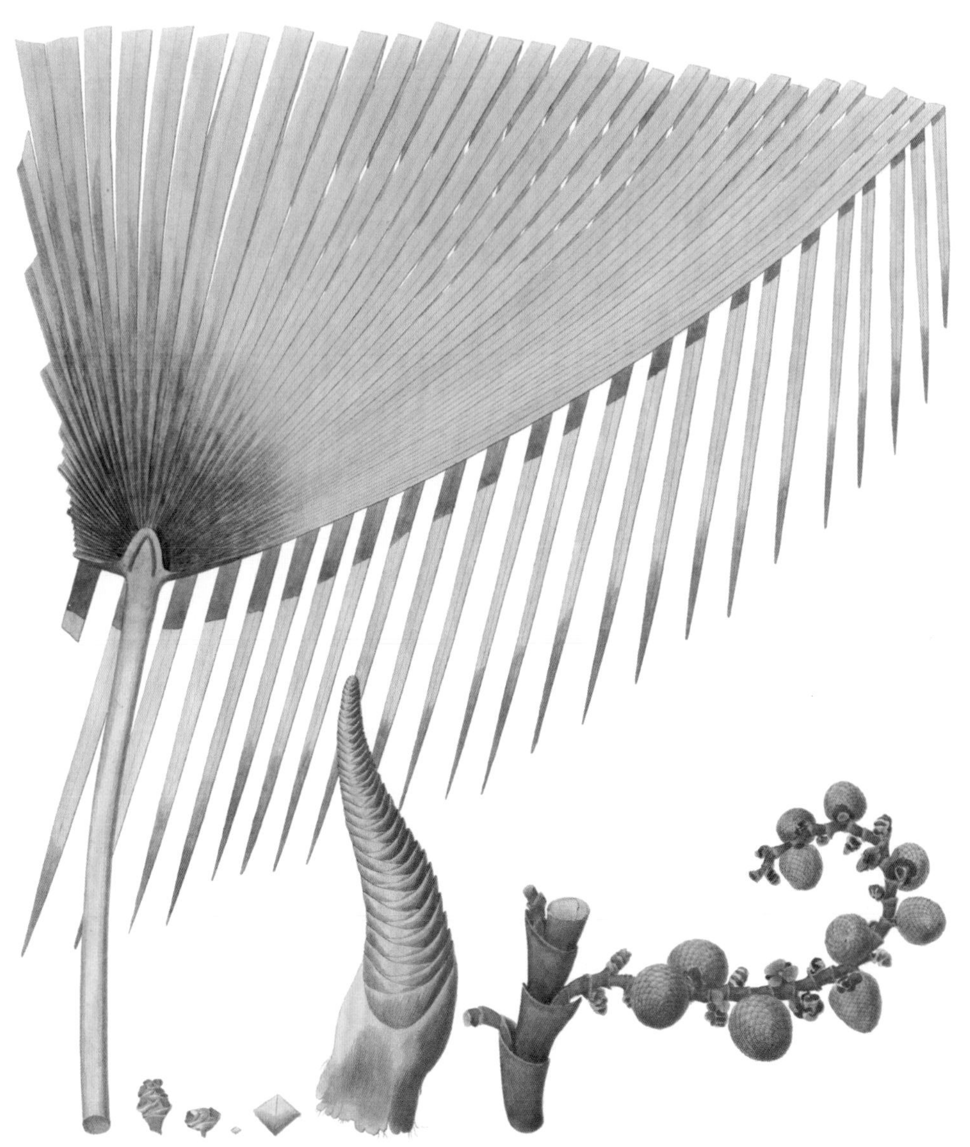

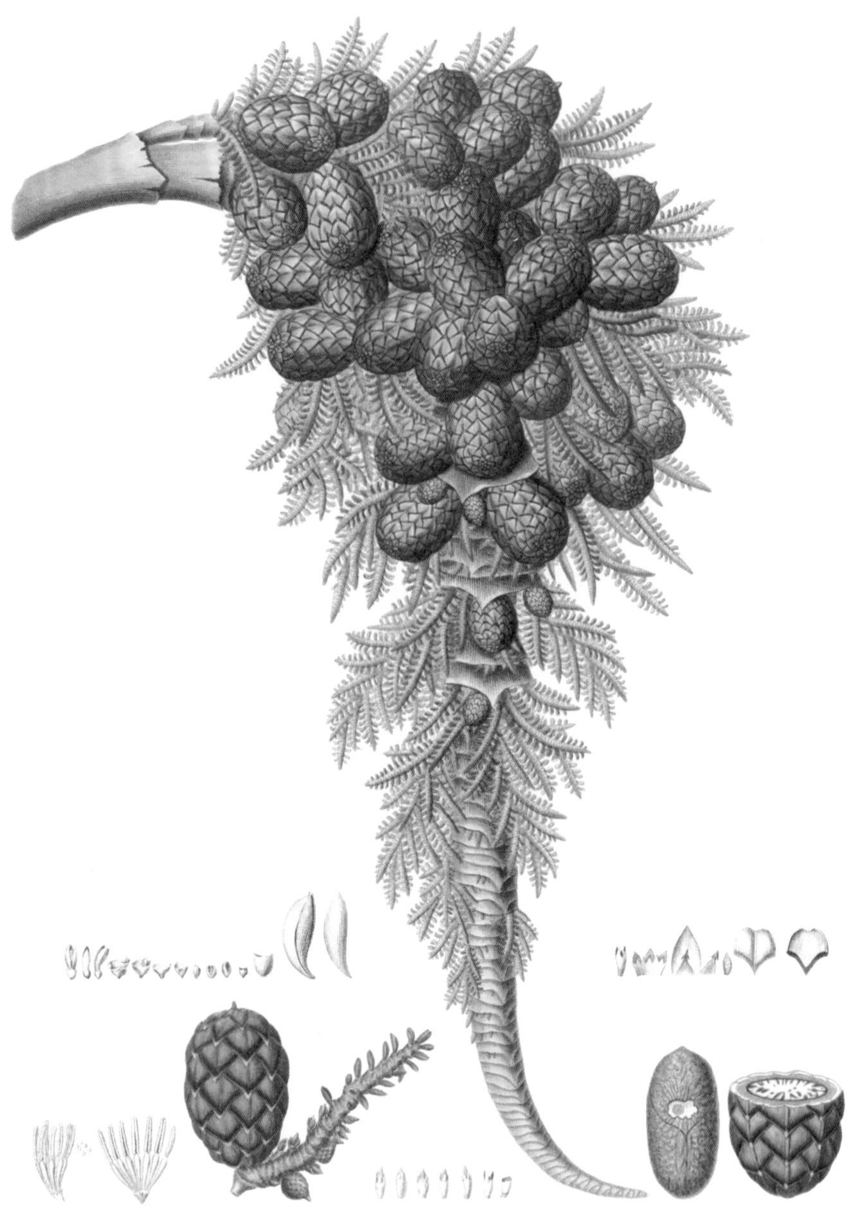

No28

亚马孙酒椰 拉菲草

亚马孙酒椰为棕榈科酒椰属乔木植物。这种棕榈的叶脉中含有大量的纤维，晒干之后的叶脉纤维触感顺滑，表面有蜡质感，这就是我们熟知的礼物盒中拉菲草的原型。除此之外，这种晒干之后的叶片十分坚韧，当地人会用其搓制绳子。

插图来自卡尔·弗里德里克·菲利普·冯·马蒂纳斯所著《棕榈简史》，1823—1853。

No29

秀丽射叶棕 皱籽椰

秀丽射叶棕原产于澳洲昆士兰，为棕榈科皱籽椰属乔木植物。本种棕榈的肉穗花序自叶鞘基部成簇生出，白色的小花芳香宜人，适合作为庭院绿化树种种植。

插图来自卡尔·弗里德里克·菲利普·冯·马蒂纳斯所著《棕榈简史》，由费迪南德·鲍尔（Ferdinand Bauer）绘制，1823—1853。

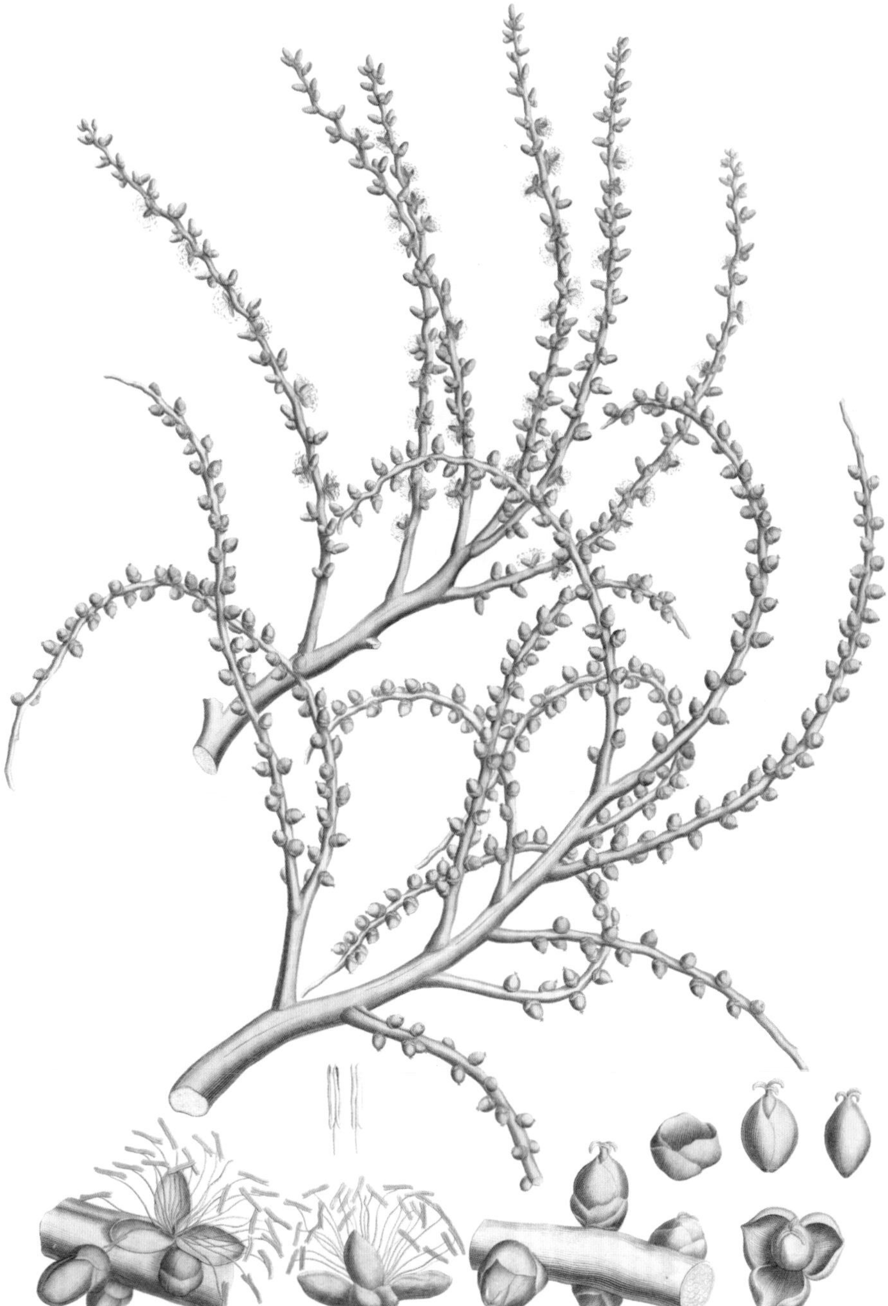

No30

薄鞘椰

薄鞘椰原产于南美洲，为棕榈科薄鞘椰属乔木植物。细长的茎干顶端生有大而纤薄的叶片，具有很高的观赏价值。在某些印第安部落中，人们会为了美观而咀嚼这种植物的茎髓将牙齿染黑，咀嚼叶片以保护牙齿。

插图来自卡尔·弗里德里克·菲利普·冯·马蒂纳斯所著《棕榈简史》，1823—1853。

No31

矮蒲葵

矮蒲葵原产于澳大利亚，为棕榈科蒲葵属乔木植物。本种棕榈的叶片较小，羽片下垂，花穗生于树冠上方，长度常超过树冠。

插图来自卡尔·弗里德里克·菲利普·冯·马蒂纳斯所著《棕榈简史》，由费里南德·鲍尔绘制，1823—1853。

No32

无刺蒲葵

无刺蒲葵原产于澳大利亚，为棕榈科蒲葵属乔木。本种棕榈茎干长而笔直，高度可达 10 米。叶片边缘生有黑色的细刺。

插图来自卡尔·弗里德里克·菲利普·冯·马蒂纳斯所著《棕榈简史》，1823—1853。

No33

二列酒果椰 巴巴卡椰

二列酒果椰为棕榈科酒果椰属乔木。这种棕榈生有两片一列的长羽状叶片，叶片顶端稍微下垂，因此得名“二列”。这种棕榈的果实在巴西被制成饮料食用，也用于炼油。

插图来自卡尔·弗里德里克·菲利普·冯·马蒂纳斯所著《棕榈简史》，1823—1853。

No34

伊里亚椰 波纳椰

伊里亚椰为棕榈科南美椰属乔木植物。本种植物生长于潮湿的环境中，因此伊里亚椰会在体外长出粗壮的外生根，这些根不仅对伊里亚椰有支撑作用，还可以帮助其在潮湿的环境中生存。

插图来自卡尔·弗里德里克·菲利普·冯·马蒂纳斯所著《棕榈简史》，1823—1853。

No35

东非分枝榈（埃及姜饼棕）

姜饼树

东非分枝榈为棕榈科叉茎棕属乔木。本种棕榈的树干光滑，茎干有完整的落叶痕迹。东非分枝榈的叶片含有大量纤维，不仅可用于编制袋子、篮子、帽子、绳子，甚至叶柄也被用于建造便利店。

插图来自卡尔·弗里德里克·菲利普·冯·马蒂纳斯所著《棕榈简史》，1823—1853。

№36

线叶竹节椰 鲸尾棕

线叶竹节椰为棕榈科竹节椰属小型乔木植物。本种棕榈茎干细直，是一种林下棕榈树。线叶竹节椰的叶片在树冠顶端平展，是竹节椰属中最大的一个种类，此外，线叶竹节椰生长迅速，能够很好地适应温带和热带气候。

插图来自卡尔·弗里德里克·菲利普·冯·马蒂纳斯所著《棕榈简史》，1823—1853。

No37

棘刺星果棕 棘刺桃果榈

棘刺星果棕原产于南美洲，为棕榈科星果棕属乔木植物。本种棕榈的茎干生有黑刺，羽状的叶片背面银白色。由于果实含油，常被用于提取油脂。虽然棘刺星果棕的树形优美，但是由于茎干带刺，因此很少被作为行道树种种植。

插图来自卡尔·弗里德里克·菲利普·冯·马蒂纳斯所著《棕榈简史》，1823—1853。

No38

巨子棕 海椰子

巨子棕原产于塞舌尔，为棕榈科巨子棕属乔木植物。这种棕榈具有植物王国里最大的种子，当种子成熟掉落后，会在海里漂浮，直至漂到陆地落地生根，之后种子需要经过6年才能发育成熟。巨子棕的果肉呈胶状，味道可口香醇，可以食用和酿酒。

插图来自《柯蒂斯植物学杂志》，1827。

No39

糖棕 扇叶糖榈

糖棕原产于非洲干旱地区，为棕榈科糖棕属乔木植物。这种棕榈的肉穗花序中含有丰富的糖分，提取后可以酿酒、制糖。坚韧的叶片被用于盖屋顶和编织。坚硬的树干是优良的建筑材料。

插图来自玛丽安娜·诺斯遗赠给邱园的藏品，1870。

No40

椰子 椰子树

椰子原产于太平洋区域，为棕榈科椰子属乔木植物。椰子的果实中含有清甜的液态胚乳，是优秀的食用棕榈树。这种种子的结构可以让椰子果实长期漂流在海上，帮助椰子在岛屿之间繁殖。现如今，椰子凭借着美味的果实和优雅的树形，成了热带地区常见的绿化树种。

插图来自《柯蒂斯植物学杂志》，由克丽丝特布尔·金（Christabel King）绘制，1999。

Cacti

仙人掌篇

策划：莉迪娅·怀特（Lydia White）

篇首语

仙人掌是最容易识别的植物种类之一。仙人掌体内含水量极高，表面有尖锐的刺或毛，仙人掌的形状多样，从高大的柱状到肥胖的桶状，也有人们最熟悉的扁平桨状的仙人掌，仙人掌已成为沙漠环境的标志性植物。仙人掌巨大、开放且通常有香味的花朵，是它们最耀眼的特征。

仙人掌属于仙人掌科，是最大的有花植物科之一，包含1800多个物种。绝大多数严格意义上的仙人掌，被分类学家归入仙人掌亚科。它们主要分布在美洲次大陆，从阿根廷的南端到加拿大，以及加勒比海地区。其中一个属，即花柳属（*Rhipsalis*），分布甚至抵达过非洲、马达加斯加和斯里兰卡。仙人掌的生存环境并不局限于沙漠，这是因为仙人掌内部的特殊组织提供了一个类似于水库的作用，使它们能够克服许多恶劣的外部环境而茁壮成长，从沿海平原到高山之巅，它们要与极端的温度、阳光和水位起伏作斗争。

仙人掌这种独特生命形式的起源一直让植物学家感到困惑。而没有发现仙人掌化石记录的原因在于：

柔软的储水组织无法很好地作为化石保存下来。然而，从现有的仙人掌族谱中得到的线索表明，最早的仙人掌是生长在热带或可能是半干旱生境中的多叶树和灌木。通常认为仙人掌转变为本篇所展示的这种非凡形态是在它们的祖先进化出特有的储水组织之后发生的。

植物通常对特殊的生存环境有着精细的环境适应性，而且对气候变化和外界干扰非常敏感。对于大部分仙人掌来说，灭绝的风险很高。也正因如此，它们受到当地和国际法律的保护，确保野生种群能够不受人类的干扰而继续生存。如果想在家中种植仙人掌，最好的方法就是选择可信赖的苗圃。

仙人掌作为装饰性的家养植物和干旱地区的景观花园植物，受到人们的欢迎，慢慢进入人们的生活。人们对于植物的喜爱往往是从在窗台上养一盆仙人掌开始的。仙人掌的种植非常容易，而且狂热的植物收藏家也会被其非凡的品种多样性吸引。

在邱园，仙人掌被陈列在韦尔斯公主温室的干旱区。仙人掌在标本馆的活体藏品和保存的标本藏品中都有很好的表现，能够支持邱园的科学家和合作组织的研究和对其进行的保护。

奥尔文·M. 格蕾丝（Olwen M. Grace）
比较植物学和真菌生物学高级研究员
英国皇家植物园·邱园

仙人掌篇

本篇展示了一个从沙漠巨人到花团锦簇的多刺仙人掌世界。这40幅广受欢迎的植物群绘画，来自世界上最大的植物图书馆之一——邱园图书馆、艺术珍藏和档案馆。

邱园专家奥尔文·M. 格蕾丝撰写了仙人掌的篇首语，本篇中的每幅手绘图都有详细的说明，因而也使本篇内容充满魅力。

No1

巨鹫玉 圣地亚哥仙人球

巨鹫玉原产于美国和墨西哥，为仙人掌科强刺球属植物。巨鹫玉的成年球体呈深绿色，体表的 13 条棱呈微螺旋状排列，由于球体上的刺长而扁平带钩，宛如鹰爪，因此得名“巨鹫”。

插图来自卡尔·舒曼（Karl Schumann）、马克斯·古尔克（Max Gürke）和 F. 瓦佩尔（F. Vaupel）所著《仙人掌图志》[*Blühende Kakteen*（*Iconographia Cactacearum*）]，1904—1921。

No2

凌云阁 炮仗仙人掌

凌云阁原产于阿根廷，为仙人掌科管花柱属植物。凌云阁拥有极具观赏性的黄色管状花朵，但是由于养护难度大，因此很少作为观赏植物进行栽培。

插图来自《柯蒂斯植物学杂志》，由沃尔特·胡德·菲奇绘制，1850。

No3

灰色虾

灰色虾原产于北美洲墨西哥中部，为仙人掌科鹿角柱属植物。鹿角柱属仙人掌的花朵通常大而明艳，且花期较长，是一种优良的观花仙人掌。

插图来自《柯蒂斯植物学杂志》，由沃尔特·胡德·菲奇绘制，1848。

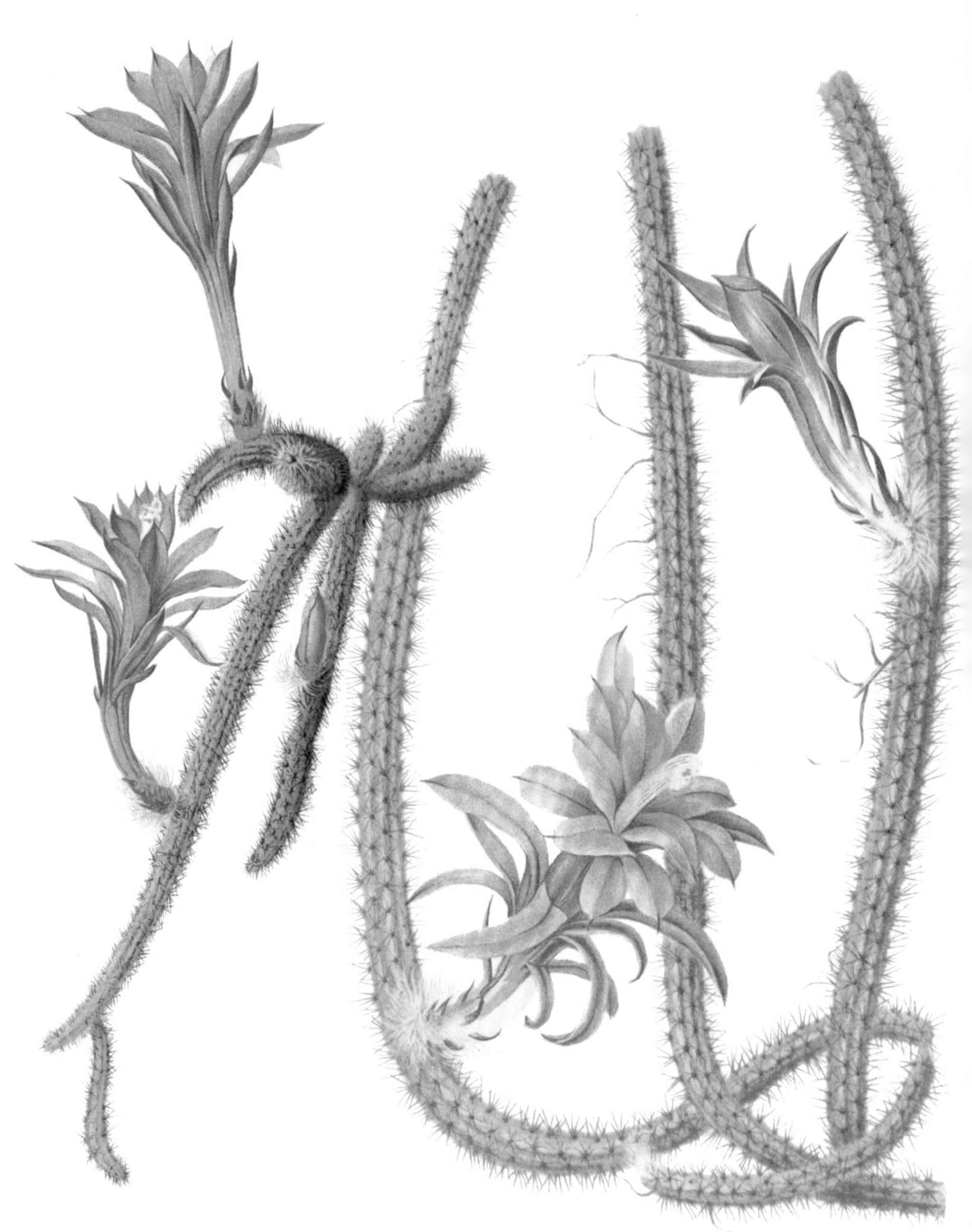

No4

鼠尾掌 鼠尾掌

鼠尾掌原产于墨西哥南部，为仙人掌科鼠尾掌属植物。本种植物茎细长柔软，栽种在盆中常悬垂而下，形似鼠尾。玫红色的花朵花色艳丽，是常见的观赏仙人掌品种之一。

插图来自纳撒尼尔·洛德·布里顿（Nathaniel Lord Britton）和约瑟夫·纳尔逊·罗斯（Joseph Nelson Rose）所著《仙人掌科：仙人掌家族植物图谱》（*The Cactaceae: descriptions and illustrations of plants of the cactus family*），由M. E. 伊顿（M. E. Eaton）和A. A. 牛顿（A. A. Newton）绘制，1919—1923。

No5

大花蛇鞭柱 黑夜女王

大花蛇鞭柱原产于牙买加、古巴，为仙人掌科蛇鞭柱属植物。细长的灰绿色茎具有攀缘和附生的特性。大花蛇鞭柱有着极为华丽的花朵，其习性与昙花一样，仅在夜间开放，开放时花朵大而明亮，香气浓郁。

插图来自罗伯特·约翰·桑顿（Robert John Thornton）所著《花之神殿》（*Temple of Flora*），由约瑟夫·康斯坦丁·斯塔德勒（Joseph Constantine Stadler）绘制，1799—1810。

No6

巨人柱 树形仙人掌

巨人柱原产于墨西哥和美国，为仙人掌科巨人柱属植物，同样也是世界最高的仙人掌品种之一。巨人柱的寿命可达150年，其标志性的高大体格成了沙漠景观的代表，常被种植于温室供人观赏。

插图来自路易斯·范·霍特（Louis Van Houtte）所著《欧洲温室和花园植物》（*Flore des serres et des jardins de l'Europe*），1862—1865。

No7

锁链掌 鬼角子

锁链掌为仙人掌科圆柱掌属植物。这种植物的刺呈星状着生于刺座上，粉色的花朵中心生长着极其突出的柱头。

插图来自《柯蒂斯植物学杂志》，由马蒂尔达·史密斯（Matilda Smith）绘制，1909。

No8

锦鸡龙

锦鸡龙原产于美国和墨西哥，为仙人掌科仙人球属植物。这种高大的仙人掌有着明亮的乳黄色花朵，且果实丰富，是常见的温室仙人掌种类之一。

插图来自玛丽安娜·诺斯遗赠给邱园的藏品，1880。

No9

玄武

玄武原产于墨西哥，为仙人掌科鹿角柱属植物。玄武的茎上长有很深的棱，棱上生有密集的刺座。玄武的花通常开在初夏，细长粉色的花瓣越往中心，颜色越深，花朵中心生有奇特的绿色柱头。

插图来自卡尔·舒曼、马克斯·古尔克和F. 瓦佩尔所著《仙人掌图志》，1904—1921。

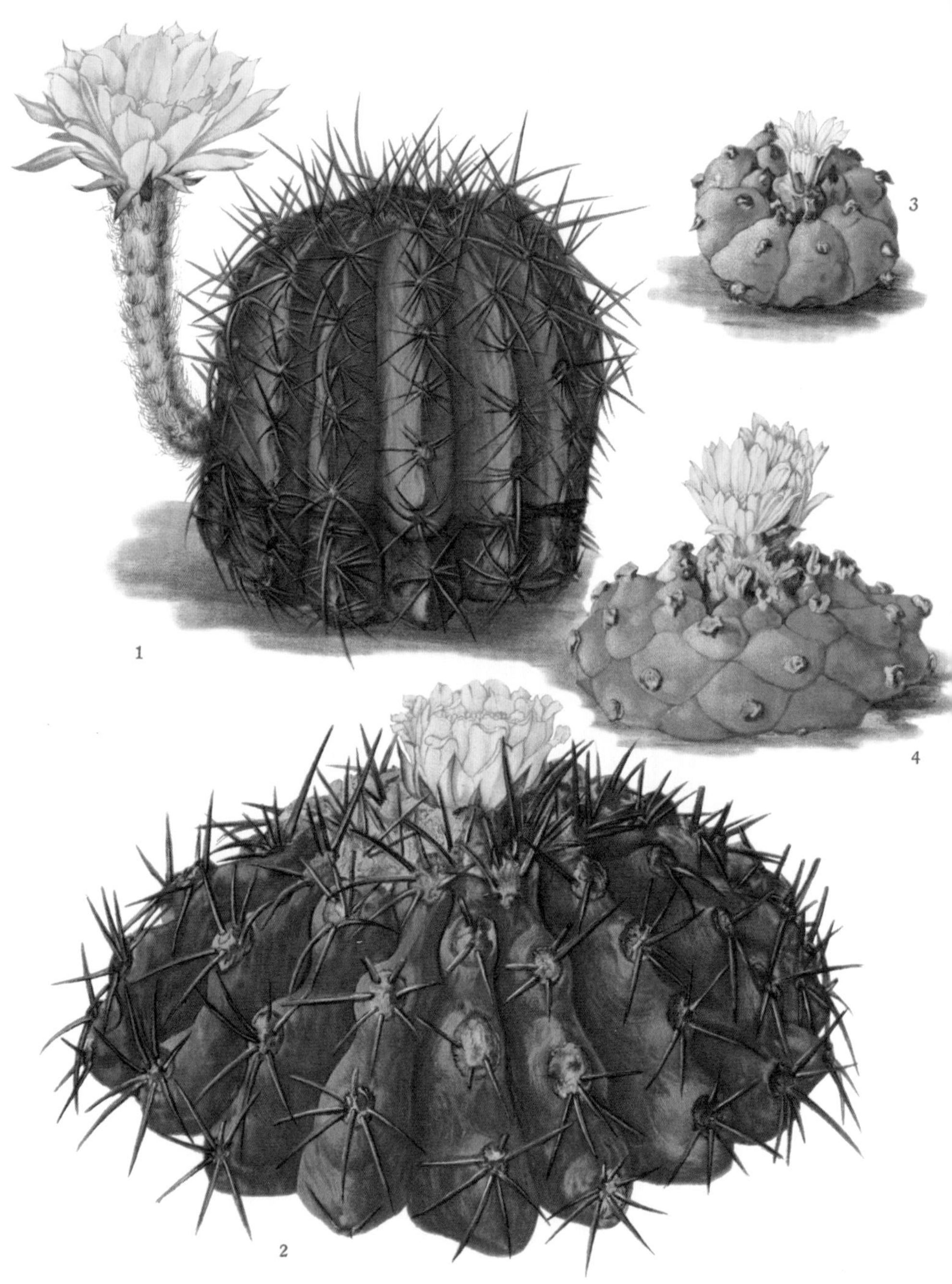
3
1
4
2

№10

1 黄裳衣 金杯
2 龙爪玉
3、4 乌羽玉 佩奥特掌

仙人掌科无论是有刺品种还是无刺品种，大多数都有着大而好看的花朵，并且由于种植难度低，如今已经成为非常受欢迎的家庭绿植之一。与大多数人的直觉不同，多数仙人掌品种并不耐热，因此家庭种植需要在夏季适当遮荫。

插图来自纳撒尼尔·洛德·布里顿和约瑟夫·纳尔逊·罗斯所著《仙人掌科：仙人掌家族植物图谱》，由 M. E. 艾顿绘制，1919—1923。

No11

黄花仙人掌 胭脂掌

黄花仙人掌为仙人掌科仙人掌属植物。倒卵形的茎扁平，且易分株。本种仙人掌的花朵顶生，一年四季均可开花，因此是优秀的观赏类仙人掌。黄色的花朵凋谢之后的果实为鲜红色，可以食用。

插图来自《柯蒂斯植物学杂志》，由西德纳姆·蒂斯特·爱德华兹（Sydenhan Teast Edwards）绘制，1848。

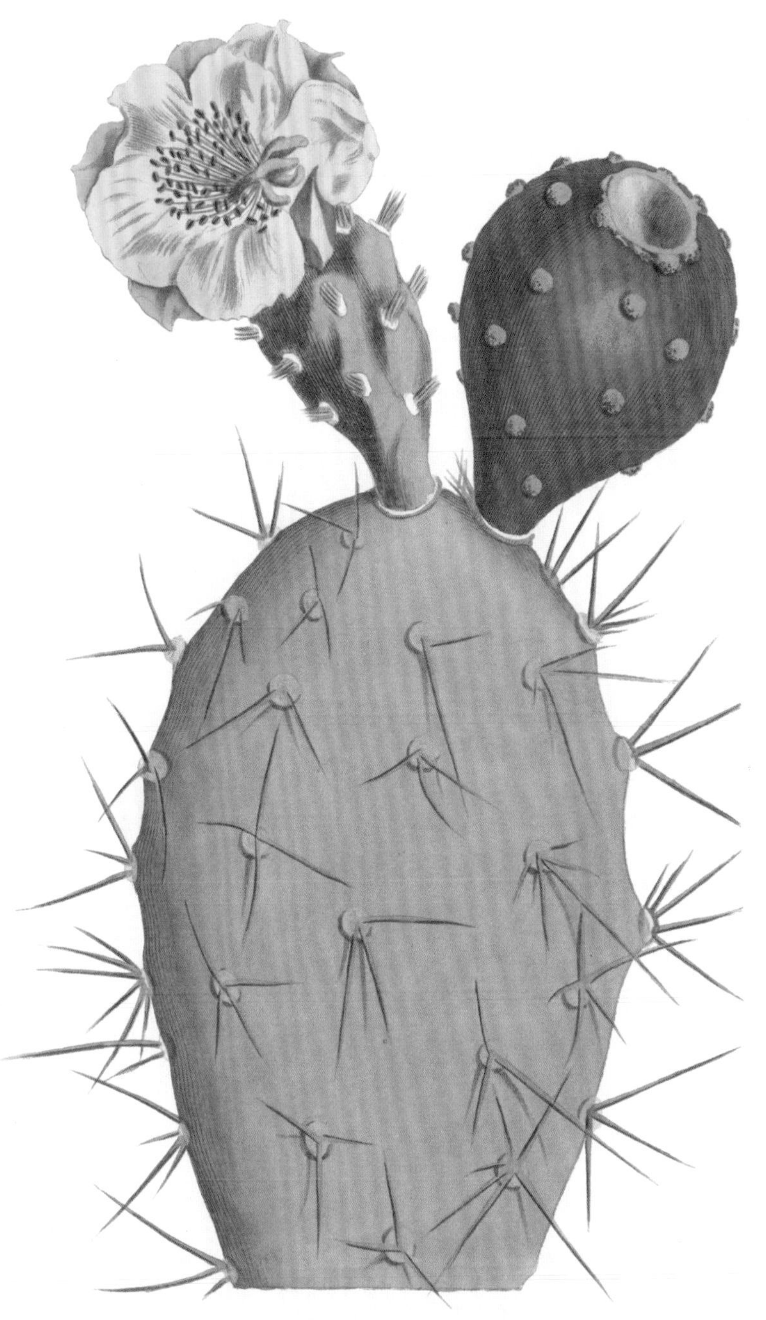

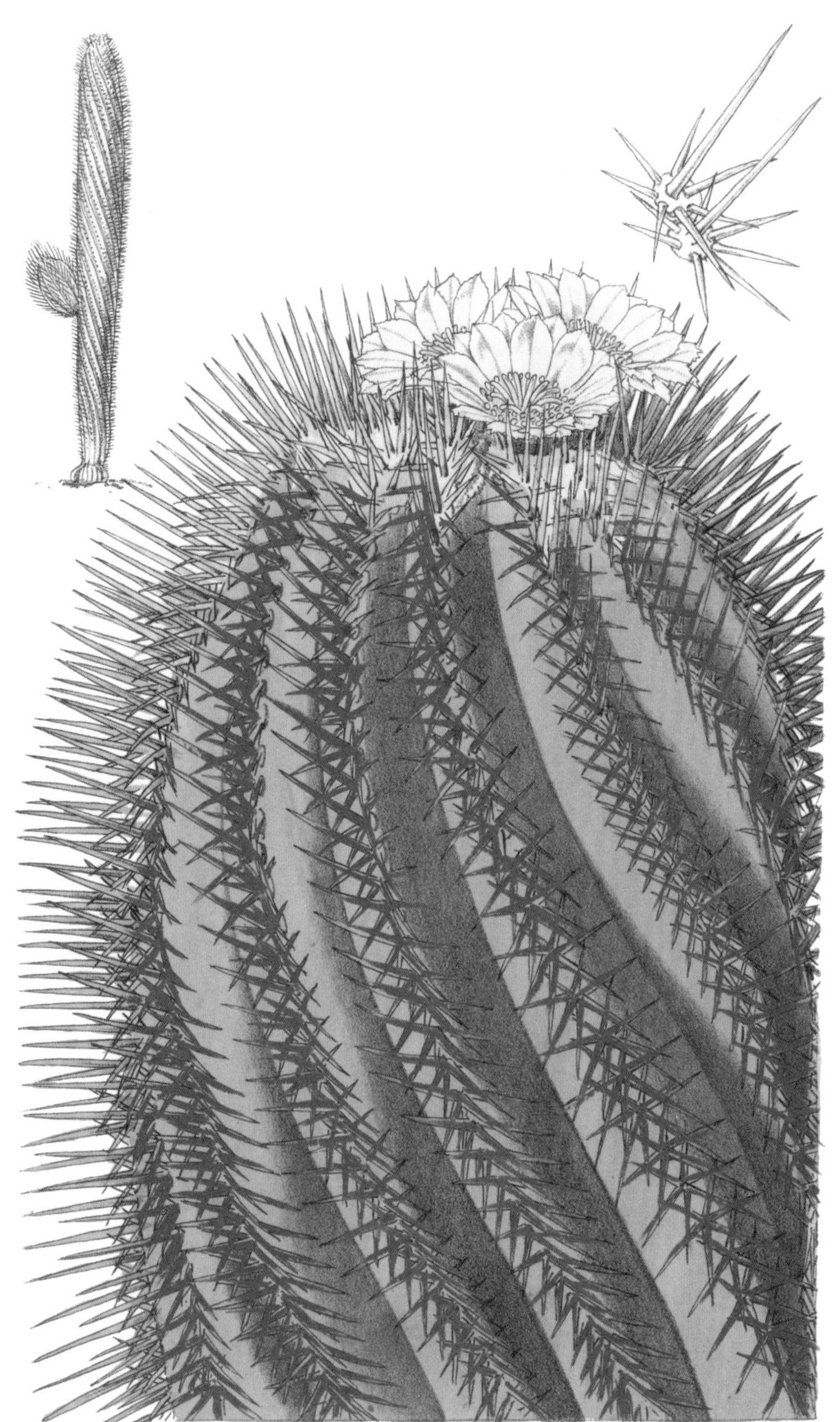

Nº12

龙鳞丸

龙鳞丸为仙人掌科龙爪球属植物。龙鳞丸的中刺较长且粗大，着生于非常有特色的螺旋状棱上。金黄色的较小花朵生于顶端，明亮的颜色吸引着前来传粉的昆虫。

插图来自《柯蒂斯植物学杂志》，由沃尔特·胡德·菲奇绘制，1851。

No13

蟹爪兰 圣诞仙人掌

蟹爪兰原产于巴西热带雨林，为仙人掌科仙人指属植物。蟹爪兰作为常见的家养仙人掌，其扁平带有锯齿的茎形似螃蟹爪子，当光照强度较高时，蟹爪兰的茎会变为暗红色。由于蟹爪兰的花期为每年的 12 月至次年 2 月，跨越了整个圣诞节，因此成为常用的冬季观花类仙人掌，也被称为圣诞仙人掌。

插图来自爱德华·莫伦（Édouard Morren）所著《比利时园艺》（*La Belgique Horticole*），1866。

No14

精巧丸 斧突仙人掌

精巧丸原产于墨西哥，为仙人掌科植物。其最具特色的是茎上呈螺旋排列的斧头状疣突，疣突上遍生细长条形的刺座，生有密集的白色细刺。该品种是斧突球属的代表品种，精致的球体和双色的花朵使其成为珍贵的园艺品种。

插图来自《柯蒂斯植物学杂志》，由沃尔特·胡德·菲奇绘制，1873。

No15

翼茎假丝苇

翼茎假丝苇原产于美洲，为仙人掌科假丝苇属植物。该属植物是附生型仙人掌，刺已经退化，茎特化为扁平状，分支极多。乳白色的小花朵生于茎的两侧，子房和花被连接在一起，是一种非常优秀的悬挂观赏植物。

插图来自《柯蒂斯植物学杂志》，1828。

No16

广刺球 白岩丸

广刺球原产于墨西哥中部和北部，为仙人掌科金琥属植物。广刺球的表面具有 21 ～ 24 条棱，棱上具有紫褐色的晕纹，黄褐色的刺 4 枚一组呈“十”字排列生于刺座上，漏斗状的黄色花朵生于顶端。

插图来自路易斯·范·霍特所著《欧洲温室和花园植物》，1850。

No17

红花棘皮仙人掌

红花棘皮仙人掌为仙人掌科金琥属植物。本种植物的球体较大，球体表面生有螺旋状的棱，刺扁平且坚硬，红色的花朵生于顶端。金琥属的植物品种不多，但大多数都为广受欢迎的经典园艺品种，常见于世界各地的植物园中。

插图来自《柯蒂斯植物学杂志》，由沃尔特·胡德·菲奇绘制，1851。

No18

鱼鳞仙人掌

鱼鳞仙人掌原产于古巴，为仙人掌科旗号掌属植物。本种植物拥有灌木质地的肉质直立茎，茎上生有蓝绿色的倒卵形扁平分枝，枝上生有密集且形似鱼鳞的瘤状物。

插图来自米歇尔·艾蒂安·德斯科蒂兹（Michel Étienne Descourtilz）所著《西印度群岛的药用植物图谱》（*Flore médicale des Antilles*），1821。

No19

神代柱 秘鲁仙人掌

神代柱为仙人掌科仙人柱属植物。该属植物通常具有高大粗壮的茎，茎上有着深深的棱，大而幽香的花朵盛开于夜晚，吸引着特殊的传粉者。

插图来自纳撒尼尔·洛德·布里顿和约瑟夫·纳尔逊·罗斯所著《仙人掌科：仙人掌家族植物图谱》，1919—1923。

No20

鸾凤玉 主教帽

鸾凤玉原产于墨西哥中部高地，为仙人掌科星球属植物。鸾凤玉灰绿色的茎有5棱，体表遍布细小的星点状的白色丛卷毛。黄色漏斗状的花生于顶端，花瓣尖端为红色。鸾凤玉形态独特，非常适合家庭栽培欣赏。

插图来自卡尔·舒曼、马克斯·古尔克和F. 瓦佩尔所著《仙人掌图志》，1904—1921。

No21

姬孔雀

姬孔雀原产于墨西哥高原的中部，为仙人掌科假丝苇属植物。姬孔雀是一种优秀的观花植物，扁平的茎边缘生有密集紫红色的小花。

插图来自《柯蒂斯植物学杂志》，由马蒂尔达·史密斯绘制，1919。

№22

巨人柱 树形仙人掌

巨人柱巨大粗壮的圆柱形茎拥有着极强的储水能力，能够在干旱的沙漠中存储数月之久。其强壮发达的地下根系能够在沙漠稀少的降水中，吸收大量水分并贮藏在茎中，以便熬过下一个旱季。

插图来自约瑟夫·特林布尔·罗思罗克（Joseph Trimble Rothrock）所著《关于在内华达州、犹他州、加利福尼亚州、科罗拉多州、新墨西哥州和亚利桑那州收集的植物学报告》（*Reports upon the botanical collections made in portions of Nevada, Utah, California, Colorado, New Mexico and Arizona*），1878。

No23

火焰令箭

火焰令箭原产于墨西哥的热带雨林地区，为仙人掌科红蛇令箭属植物。作为雨林中的附生植物，火焰令箭常附生在树干上，依靠树干上的腐殖质和潮湿的空气生存。鲜红色火焰状花朵使得火焰令箭在植被丰富的雨林中也能吸引传粉者。

插图来自《柯蒂斯植物学杂志》，由沃尔特·胡德·菲奇绘制，1870。

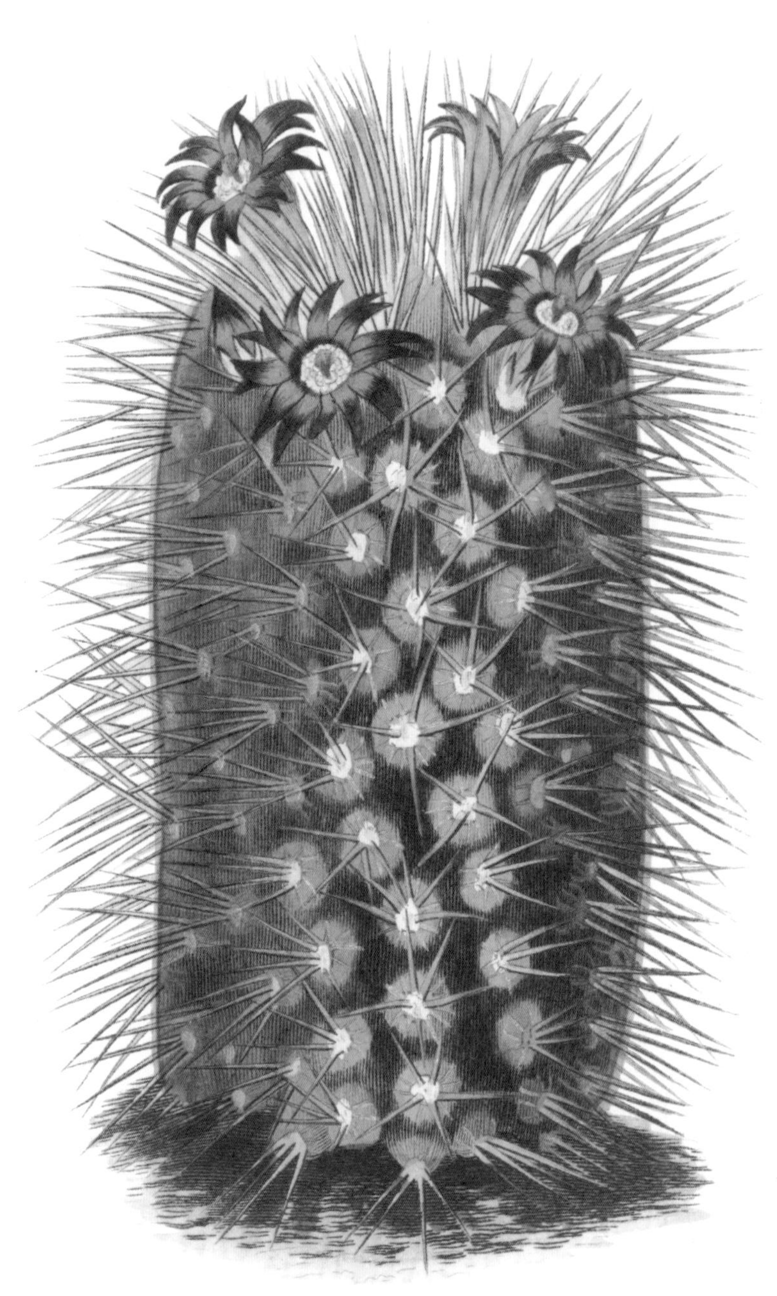

No24

黄金童子 彩虹乳突球

黄金童子原产于墨西哥，为仙人掌科乳突球属植物。本种圆柱形的茎上遍布着圆锥形疣状突起。细长的黄色尖刺呈辐射状生于刺座上。紫红色的钟状小花密集地生长在植株球体上部。

插图来自约翰·林德利（John Lindley）所著《爱德华兹的植物学手册》（*Edwards's Botanical Register*），由 M. 哈特（M. Hart）绘制，1830。

No25

防风柱

防风柱原产于美国的佛罗里达州，为仙人掌科苹果柱属植物。本种植物的特征是在茎上生有黄色或红色的肉质球状果实。

插图来自米歇尔·艾蒂安·德斯科蒂兹所著《西印度群岛的药用植物图谱》，1821。

No26

春衣 老人掌、仙人柱

春衣原产于墨西哥，为仙人掌科毛刺柱属植物。本种植株柱状茎上遍布白色绒毛，柱体顶端和花座底部的绒毛最为密集。本种植物的果实是沙漠中最为重要的水分和糖分的来源。

插图来自卡尔·舒曼、马克斯·古尔克和F. 瓦佩尔所著《仙人掌图志》，1904—1921。

No27

厚翼丝苇

厚翼丝苇原产于巴西里约热内卢，为仙人掌科丝苇属植物。本种植物的茎特化为大而薄的叶状，茎上生有粗壮的紫色叶脉，鹅黄色的花盛开在茎的两侧，晶莹的花被在阳光下能够反射出暖暖的微光。

插图来自卡尔·舒曼、马克斯·古尔克和F. 瓦佩尔所著《仙人掌图志》，1904—1921。

1
2
3
4

No28

1 司虾（武勇丸）

火炬仙人掌、草莓仙人掌

2 洋丽丸

3 青玉

4 秀丽丸

仙人掌科的大多数物种都会选择在夜晚开花，这不仅仅是为了避免白天的炎热气候和阳光的强烈照射，更是为了配合各种夜行的传粉者。大而艳丽、浓郁芳香的花朵也是为了在广袤的沙漠中为传粉者竖起一盏明灯。

插图来自纳撒尼尔·洛德·布里顿和约瑟夫·纳尔逊·罗斯所著《仙人掌科：仙人掌家族植物图谱》，由 M. E. 伊顿绘制，1919—1923。

No29

御旗 得州彩虹仙人掌

御旗原产于美国和墨西哥，为仙人掌科鹿角柱属植物。本种植物有着颜色丰富的细刺，新生的刺有红、黄、白等颜色，待到刺成熟之后，刺会逐渐褪色为灰绿色。御旗黄色的花大而美丽，是优秀的盆栽品种。

插图来自卡尔·舒曼、马克斯·古尔克和F. 瓦佩尔所著《仙人掌图志》，1904—1921。

No30

火焰龙

火焰龙原产于阿根廷，为仙人掌科栖凤球属植物。本种球体上密生黑色且细长的刺，鲜红如火焰的花朵生于球体顶端。

插图来自邱园藏品中克丽丝特布尔·金的作品，2015。

No31

锐棱海胆 粉色复活节百合仙人掌

锐棱海胆原产于巴西和阿根廷，为仙人掌科仙人球属植物。呈喇叭状的暗粉色的花长 20 厘米，灰绿色的圆锥形球体相比于花来说，显得有些小巧。当花朵开放时明艳可人，花香浓郁厚重，非常适合作为家庭盆栽。

插图来自玛丽安娜·诺斯遗赠给邱园的藏品，1878。

No32

茶先丸 毛乳仙人掌

茶先丸为仙人掌科乳突球属植物。该物种的茎上生有密集且细长的乳突状结构，花朵开放在乳突状的缝隙当中，红色的果实与这些突起宛如一体。

插图来自约翰尼斯·康梅林（Johannes Commelin）所著《阿姆斯特丹的东方奇珍药草园》（*Horti medici Amstelodamensis rariorum tam Orientalis*），1697—1701。

No33

红笔 烛台掌

红笔为仙人掌科毛刺柱属植物。本种植物具有细长且直立的圆柱状茎，刺座生于棱上，刺座上生有若干根小刺和两根较长的中刺。粉白色的花朵被绿色的萼片所包裹，长长的柱头立于花朵中心。

插图来自《柯蒂斯植物学杂志》，由 W. J. 胡克（W. J. Hooker）绘制，1832。

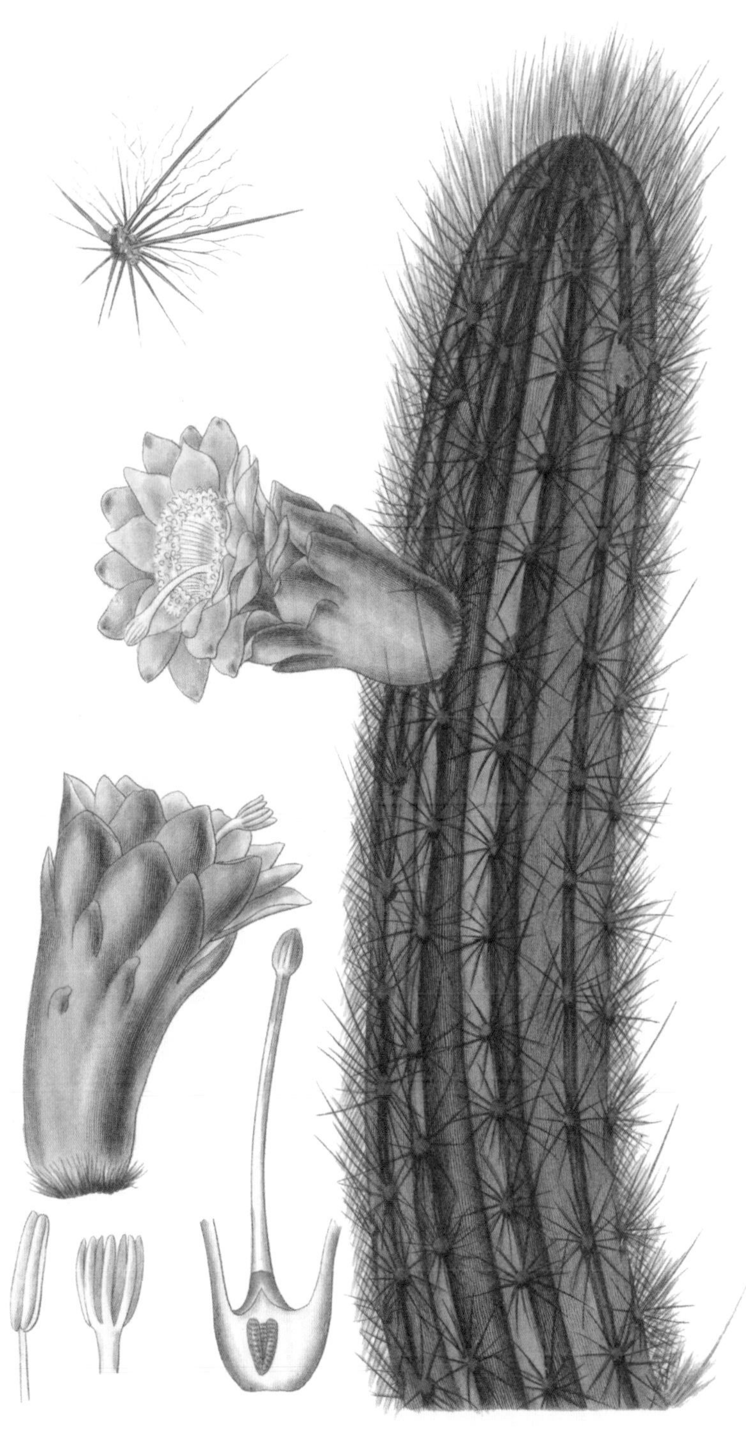

No34

金龙 白氏仙人掌

金龙原产于美国得克萨斯州和墨西哥，为仙人掌科鹿角柱属植物。该物种常群生，匍匐状的茎喜垂吊生长。金龙的红色花朵大而艳丽，卷曲的花瓣粗犷，富有野性，是一种优秀的观花仙人掌。

插图来自卡尔·舒曼、马克斯·古尔克和F. 瓦佩尔所著《仙人掌图志》，1904—1921。

No35

大虹球 墨西哥仙人掌

大虹球原产于美国和墨西哥，为仙人掌科强刺球属植物，本属植物以具有强大而坚硬的刺闻名。大虹球的刺长而卷曲，刺上生有一条长长的沟。黄色或红色漏斗状的花朵大而明亮，生于球体顶端。

插图来自《柯蒂斯植物学杂志》，由沃尔特·胡德·菲奇绘制，1852。

No36

都锦 锥仙人掌

都锦原产于美国得克萨斯州，为仙人掌科仙人球属植物。都锦的株型茎上遍布乳突结构，本种野生变异非常丰富，主要区别在于有无中央刺，这使得都锦可以很好地隐藏在杂草丛生的野外。

插图来自卡尔·舒曼、马克斯·古尔克和F. 瓦佩尔所著《仙人掌图志》，1904—1921。

No37

玫瑰麒麟 叶仙人掌

玫瑰麒麟为仙人掌科叶仙人掌属植物。玫瑰麒麟是一种热带仙人掌，因此得以保留叶片，并没有完全退化成刺。茎上依然生有刺座，刺座上生有尖刺。玫瑰麒麟的花形似玫瑰，也因此而得名。

插图来自《柯蒂斯植物学杂志》，1836。

No38

大粒丸

大粒丸原产于墨西哥，为仙人掌科凤梨球属植物。蓝绿色的圆柱状茎上生有棱形的疣状突起。刺座上的刺呈黄色，辐射状生长。黄色的花朵生于茎顶端的疣状突起沟部，其花朵白天开放的习性也使得本种成为广受欢迎的观花仙人掌。

插图来自《柯蒂斯植物学杂志》，由沃尔特·胡德·菲奇绘制，1848。

No39

岩牡丹 鞋匠拇指

岩牡丹原产于墨西哥，为仙人掌科岩牡丹属植物。球状的茎上生有三角形的疣突。疣突尖端坚硬，底部沟内生有绒毛，粉白色的花朵生于球体顶端的绒毛中。岩牡丹的株型端庄，且养护较为容易，使得本种成为仙人掌中的经典观赏品种。

插图来自卡尔·舒曼、马克斯·古尔克和F. 瓦佩尔所著《仙人掌图志》，1904—1921。

No40

草木虾

草木虾为仙人掌科鹿角柱属植物。该品种的刺呈星状辐射生于刺座上，大而明亮的花朵有着长长的花茎。作为栽培历史悠久的仙人掌种类，草木虾常见于世界各地的植物园中。

插图来自《柯蒂斯植物学杂志》，由马蒂尔达·史密斯绘制，1906。

Japanese Plants

日本植物篇

策划：莉迪娅·怀特

芳年

篇首语

园艺作为日本的一种艺术形式，在几个世纪以来深切地证明了其在日本的影响力。它遵循自然的设计，创造出了一片畅想安宁和有益冥想的宁静之地。典型日式园艺的种植方式是围绕奇数 3、5、7 进行的，这种创造性的不对称设计深受人们喜爱，也因此成为全世界花园设计的普遍做法。在锁国政策下，日本对世界其他国家关闭了大约 200 年，直至 19 世纪中期。当日本再次向全世界打开国门时，它吸引了许多西方的植物猎人。包括查尔斯·马里斯（Charles Maries）、卡尔·约翰·马克西莫维奇（Carl Johann Maximowicz）、菲利普·弗朗兹·冯·西博尔德（Phillip Franz von Siebold）（都有以他们名字命名的纪念品）在内的植物猎人在 19 世纪和 20 世纪探索了日本，他们被大约 7000 种丰富的日本本土植物资源所吸引，其中许多是日本群岛的特有物种。英国著名的维奇（Veitch）苗圃资助了寻找、收集和引进具有良好园艺潜力植物的探索项目。许多收集到的植物被冠以种名 *japonica* 或 *japonicum*，代表它们起源于日本。

这些植物猎人和其他旅行者在亚洲各地探寻着

各种植物，而其中许多物种对于当时的西方世界是全新和未知的，这也为当今的品种选育和自家花园的装扮提供了非常丰富的植物品种资源。

春天，日本的山林被杜鹃花和樱花的优雅色彩所覆盖，而秋天的枫树则令山林呈现出一种由橘色、红色和黄色混合而成的火热色调。竹子、玉兰花、山茶花、杜鹃花、绣球花、紫藤花和菊花只是最初从日本收集的众多园林植物中的一小部分，现在，这些极具园艺价值的植物已经普遍种植在世界各地的花园里。

起初由日本传入欧洲的植物仅仅是为了在花园中点缀一丝异域风情，但现在已被广泛种植在欧洲的花园中，变成常见的花园植物，以日本名字 *giboshi* 而闻名的玉簪就是这样一个例子。这些耐阴的多年生草本植物之所以能够进入花园，主要是因为它们的观叶价值，但像玉簪品种，是为了观赏其美丽的花朵而被种植（详见第 309 页）。日本也是许多百合（*Lilium*）的原产地，它们的颜色从纯白色到粉红色、红色和橙色不等，通常都具有香味，而人们培育出的栽培品种进一步扩大了颜色和花朵形态的范围。

日本以枫树闻名，特别是鸡爪槭，俗称日本枫树。它通常与松树一样，是大多数日本花园中的特色植物。这两种树在日本的传统中也可作为盆景种植，字面意思即“花盆中的自然景观”。通过修剪技术，它们可以被小型化，从而创造出具有自然气息和风格化审美形式的小型树木景观。

邱园有自己的日本风景园，由命名为和平、跃动、和谐的三个花园组成。日本风景园是在 1996 年以敕使门为核心设计的，敕使门是为 1910 年在伦敦举行的日本—英国展览会而设计的“帝国使者之门”。它几乎是日本京都西本愿寺大门的翻版。这些来自日本的特色植物同样种植在邱园的其他场馆中，如杜鹃园中也种植了日本枫树。竹园中的许多物种也是从日本本土采集的，其来源可以追溯到 19 世纪初，这也使其成为英国最古老的竹园之一。

托尼·霍尔（Tony Hall）
英国皇家植物园园艺主管

日本的植物艺术

在 18 世纪被欧洲文化影响之前，日本就有着悠久的植物学和植物画传统，甚至在欧洲人将西方植物学传入日本之后，最初的日式风格依然在日本的植物艺术中占据重要地位，并进一步渗透到日式绘画中。这种外来艺术风格对于日式风格的影响最初主要来自中国，特别是在与中国唐朝同时代的奈良时期（公元 710—794 年），以及随后的中国各朝代的早期。与早期的欧洲草药绘本一样，早期日本绘画也是为了绘制精致、具有艺术性的装饰品，而不是为了帮助识别。

邱园的图书馆收藏了许多关于日本植物学的重要藏品，特别是19世纪和20世纪的作品，其中包括菲利普·弗朗兹·冯·西博尔德和约瑟夫·格哈德·朱卡里尼（Joseph Gerhard Zuccarini）所著《日本植物志》（*Flora Japonica*）（1830—1875），本书中包括日本艺术家川原圭贺（Keiga Kawahara）绘制的精致植物学插图。在冯·西博尔德将日本植物带到西方之后，西方掀起了一股日式植物美学浪潮，许多植物在英国的植物学杂志（如《柯蒂斯植物学杂志》）及欧洲大陆的同类杂志［如德国的《花园植物》（*Gartenflora*）和比利时的《欧洲园艺花卉》（*Flore de Serres et des Jardin de l'Europe*）］上都有插图。邱园的图书馆还收藏了一套最重要的日本草药，即《本草图谱》，这是一本罕见的、有价值的药用植物汇编。

19世纪末20世纪初，许多植物学艺术家在日本工作。植物学家和艺术家牧野富太郎（Tomitaro Makino）也许是其中最具创意的，他被称为“日本植物分类学之父”，他在《日本花卉图谱》（*Icones Florae Japonicae*）（1900—1911）中绘制了菊科植物的图画。铃木忠介（Chūsuke Suzaki）也为《北海道重要森林树木图谱》（*Icones of the Essential Forest Trees of Hokkaido*）（1920—1933）绘制了类似的精美作品。

在日本，植物插图至今仍然是一种流行的艺术形式，许多杰出的艺术家将他们的作品带到伦敦的皇家园艺协会展出就说明了

这一点。他们的作品具有无与伦比的美感，而在邱园的雪莉·舍伍德植物艺术馆举办的日本植物（*Flora Japonica*）展览中展出的画作也证明了这一点。这是由植物学艺术家山中正美（Masumi Yamanaka）组织的，她在过去 18 年里一直在邱园工作。她的巨幅画作《奇迹松》（详见第 357 页）是为了纪念在 2011 年日本大海啸这场可怕的灾难中幸存下来的一棵松树所绘，这也是对大自然重塑能力的致敬。

马丁·里克斯（Martyn Rix）
《柯蒂斯植物学杂志》编辑

日本植物篇

本篇包含从菊花、樱花到山茶和枫树等多个物种，展示了日本植物丰富的多样性。这 40 幅郁郁葱葱的植物群绘画，来自世界上最大的植物图书馆之一的邱园图书馆、艺术珍藏和档案馆。

邱园专家托尼·霍尔和编辑马丁·里克斯撰写了本篇篇首语，本篇中每幅手绘图都有详细的说明，使得本篇内容充满魅力。

No1

枫属 枫

如今的枫属植物，其实泛指枫香树和槭树，大多数枫属植物的叶片在秋季会变成红色，掌状的叶片使得枫属植物的树冠更大，这两个优点让枫属植物成为各大城市喜爱的行道树种。

插图来自横滨苗圃股份有限公司（Yokohama Ueki Kabushiki Kaisha）所著《横滨苗圃股份有限公司产品目录》（*Catalogue of the Yokohama Nursery Co., Ltd.*），1907。

No2

忍冬 金银花

忍冬为忍冬科的多年生藤本植物，由于叶子在冬天也能保持常绿，因此得名“忍冬”，取“凌冬不凋”之意。忍冬有一个更为常见的名字“金银花”，而金银花其实是忍冬花朵不同时期的颜色变化，花朵初生时为白色，渐渐转变成金黄色，又因为一条藤蔓上的花期不同，先后绽放，黄色白色的花朵在藤蔓上交相辉映。

插图来自《柯蒂斯植物学杂志》，由S. M. 柯蒂斯（S. M. Curtis）绘制，1834。

No3

“大山琦”蕾丽兰

蕾丽兰原产于南美，其属名*Laelia*来自罗马神话中女灶神的女仆Laeli。蕾丽兰花色艳丽且擅长变化，花瓣细长，有一个喇叭状的唇瓣。该品种拥有一个与周围黄色花瓣不同的紫红色唇瓣，具有较高的观赏价值。

插图来自斯蒂芬·柯比（Stephen Kirby）、土井利一（Toshikazu Doi）和大冢彻（Toru Otsuka）所著《兰卡夫兰花：日本兰花木版画大师作品集》（*Rankafu Orchid Print Album：Masterpieces of Japanese Woodblock Prints of Orchids*），2018。

No4

乌登柳 日本扇柳

乌登柳原产于日本和俄罗斯的远东地区。淡黄色的花序柔软纤长，狭长的深绿色叶片背面为蓝绿色。本种观赏柳树以扁平、下弯的茎而闻名，非常适合插花。

插图来自宫部金吾（Miyabe Kingo）和工藤友顺（Kudō Yūshun）所著《北海道重要森林树木图谱》（*Icones of the Essential Forest Trees of Hokkaido*），由铃木忠介所绘，1920—1923。

No5

“飞龙”牡丹 牡丹

如今代表着富贵圆满牡丹花在一开始仅是生于山野石缝间，被当成柴火的野花。那时的人们更为欣赏开在肥沃平原的芍药，而牡丹的名声起源于武则天“怒贬牡丹”的故事，随后牡丹开始进入人们的视野，在唐朝，种植牡丹已经成为上流阶层的爱好。牡丹依附于唐代的繁荣昌盛，于中唐时期被引入日本，迅速获得了日本人民的喜爱，各种园艺品种层出不穷。

插图来自横滨苗圃股份有限公司所著《牡丹花：精选 50 种》（*Paeonia Moutan*：*a collection of 50 choice varieties*），20 世纪。

No. 1 Hiryo.
飛龍

No6

硬毛油点草 蟾蜍百合

硬毛油点草为百合科多年生草本植物，叶片上分布有如被水浸湿般的暗色斑点。硬毛油点草的叶子油绿，花朵上的斑点非常像杜鹃鸟脖子上的花纹，所以日本称硬毛油点草为杜鹃草，但是在欧美文化中，这种阴暗的斑点带有邪恶的味道，因此在欧洲，这种植物被称为“蟾蜍百合”。

插图来自《柯蒂斯植物学杂志》，由沃尔特·胡德·菲奇绘制，1863。

No7

白根葵 日本木罂粟

白根葵原产于日本，是日本特有种。白根葵有着 4 片大大的常被误认为花瓣的紫色萼片，中间是黄色的雄蕊，是一种没有花瓣的花朵。

插图来自《柯蒂斯植物学杂志》，由莉莲·斯内林（Lilian Snelling）绘制，1936。

No8

红盖鳞毛蕨 日本盾蕨

红盖鳞毛蕨是一种优质的阴生植物，常被用于装饰在花园的林下阴暗区域。叶片上覆盖有暗棕色的小鳞片，这使得红盖鳞毛蕨在林下的散光照射下依旧可以展现出鲜艳的色彩。另外，随着季节变化的叶片颜色也让它成为荫生花园的最好选择。

插图来自邱园藏品中菱木明香（Asuka Hishiki）的作品，2016。

No9

山茶 一捻红

山茶和我们平时生产茶叶的茶树略有不同，虽然两者都是山茶属植物，但是山茶凭借其娇俏美艳的花朵成了以观赏为主的茶树。山茶目前已有400多个观赏品种，图中所展示的则是山茶中的红色系重瓣品种之一。

插图来自路易斯·范·霍特所著《欧洲园艺花卉》，1874。

No10

东北红豆杉 日本紫杉

红豆杉得名于其形似红豆的假种皮，这种肉质的红色假种皮宛如一只杯子，将真正的种子装在其中。除此之外，红豆杉还是一种珍贵的抗癌植物，其树皮中含有的“紫杉醇”具有良好的抗癌活性。但由于大量砍伐，这类树种濒临灭绝。

插图来自宫部金吾和工藤友顺所著《北海道重要森林树木图谱》，由铃木忠介所绘，1920—1923。

No11

皋月杜鹃 西鹃

皋月杜鹃原产于日本，由于在初夏时节开花，也被称为“夏鹃”。该种杜鹃的株型高约 1 米，树冠饱满，花朵形态丰富，非常适合作为家庭盆栽种植。

插图来自小川和正（Kazumasa Ogawa）所著《日本花卉》（*Some Japanese Flowers*），1895。

No12

长角布袋兰 沼兰

长角布袋兰为兰科多年生草本植物，广泛分布于北半球的山腰谷壁或山坡石隙等潮湿凉爽地区。长角布袋兰气味幽香，花朵最为标志性的结构就是其酷似布口袋的囊状唇瓣。除此之外，长角布袋兰每株仅生一枚叶片，这也为其增加了一丝神秘感。

插图来自《日本花卉图谱》（*Icones Florae Japonicae*），由牧野富太郎所绘，1900—1911。

No13

绣球 紫阳花

大多数的园艺爱好者对绣球都不会陌生，不仅是因为绣球栽培养护的难度相对较低，而且其具有相当多的园艺品种，各种花形和颜色的品种能满足大部分人对于审美的追求。日本园艺界尤为偏爱绣球，上百种美丽的绣球都源于日本，甚至他们还专门培育出了观叶的绣球品系。

插图来自《柯蒂斯植物学杂志》，由西德纳姆·蒂斯特·爱德华兹（Sydenham Teast Edwards）所绘，1799。

№14

日本南五味子 南五味子

日本南五味子为多年生藤本植物，纸质的叶片厚实坚硬，花朵小巧呈杯状。果实和根茎都可入药，由于暗红色的根茎药用可以治疗蛇虫咬伤，因此也被称为“红骨蛇”。

插图来自邱园19世纪50年代约翰·艾尔将军藏品（General John Eyre Collection）中不知名画家的作品。

No15

“仙女海螺”玉蝉花 和 “大淀”玉蝉花

日本鸢尾

玉蝉花为鸢尾科多年生草本植物。作为鸢尾科中广受喜爱的物种，玉蝉花有着大而纤薄的花瓣和多变的花色，这也使得玉蝉花很容易培育出各种园艺品种。玉蝉花除了点缀在池边湖畔，其挺拔直立的花茎也使得玉蝉花非常适合做切花。

插图来自横滨苗圃股份有限公司所著《鸢尾：18 个最佳变种》(*Iris Kaempferi*：*18 best var*)，20 世纪。

No16

白边玉簪 西博尔德玉簪

玉簪花如其名，未开放的洁白花苞形似白玉簪子。玉簪通常在夜间开花，花朵与月光为伴，花香宁静悠远，深得文人墨客的喜爱。

插图来自《柯蒂斯植物学杂志》，由沃尔特·胡德·菲奇绘制，1839。

No17

菊花

自古以来，菊花深受人们的喜爱。象征着健康长寿、淡泊高雅的菊花更是从餐桌的碗筷间，慢慢被种植到了花园中。菊花在唐代传入日本，与樱花并列被称为日本国花，日本对它的喜爱之情溢于言表，且不遗余力地繁育菊花的观赏品种。

插图来自路德维希·威特迈克（Ludwig Wittmack）所著《花园植物》（*Gartenflora*），由 E. 安伯格（E. Amberg）绘制，1897。

No18

日本木瓜 日本海棠

日本木瓜为蔷薇科多年生灌木，是一种非常优秀的灌木类花卉。日本木瓜的花朵紧簇艳丽，花色丰富，通过嫁接可以在同一株树上开出不同颜色的花朵，拥有非常高的观赏价值。约 1 米的高度也非常适合作为室内盆景。日本木瓜的果实酷似海棠，但口感酸涩，并不好吃，更多的是作为药用材料使用。

插图来自《柯蒂斯植物学杂志》，由安妮·亨斯洛·巴纳德（Anne Henslow Barnard）所绘，1884。

No19

辽东楤木 日本楤木

辽东楤木为五加科多年生木本植物。其楤芽在日本被誉为“春天里的野菜之王”，其口感肥厚鲜嫩，清凉冰爽，当地人会把楤芽做成天妇罗，搭配蘸料食用。

插图来自宫部金吾和工藤友顺所著《北海道重要森林树木图谱》，由铃木忠介所绘，1920—1923。

No20

“彩带”天香百合 山百合

“彩带”天香百合为百合科多年生草本植物，原产于日本。天香百合的花朵较大，香气浓郁，是非常优秀的杂交亲本，拥有非常多亚种。天香百合的花瓣内侧生有红色或黄色的斑点，中心部位有一条红色或黄色的条带。左图展示的“彩带”品种的条带则为红黄渐变，极具观赏性。

插图来自横滨苗圃股份有限公司所著《日本百合》（*Lilies of Japan*），1899。

No21

日本五针松 五须松

日本五针松原产于日本，为松科多年生木本植物。其暗灰色的树皮鳞片状开裂，针叶光滑紧密，树形优美，因此常与山石搭配作为花园造景，也可以通过嫁接到较矮的砧木上，用于盆栽造景。

插图来自邱园19世纪50年代罗伯特·福琼藏品（Robert Fortune，Kew Collection）中不知名画家的作品。

No22

侧金盏花 福寿草

侧金盏花绽放在初春时节，此时冰雪尚未消融，金黄色的花朵就将春天即将到来的讯息传播向整片大地。侧金盏花有着暗紫色的萼片，这种深色的萼片能够帮助它吸收初春时珍贵的热量，金黄色的花朵则可以吸引昆虫前来传粉。

插图来自《柯蒂斯植物学杂志》，由马蒂尔达·史密斯绘制，1896。

No23

红虎尾 日本樱

提到日本，那么就永远绕不开樱花，自日本平安时代后，植樱赏樱蔚然成风，自此日本开始了樱花品种的选育风潮。樱花按照花期分为早樱、中樱和晚樱，右图展示的樱花品种“红虎尾”属于晚樱一类，该品种为重瓣樱花，花色粉红，树型洒脱，是优良的观赏品种。

插图来自三好学（Manabu Miyoshi）所著《樱花图谱》（*Öka Zufu*），1921。

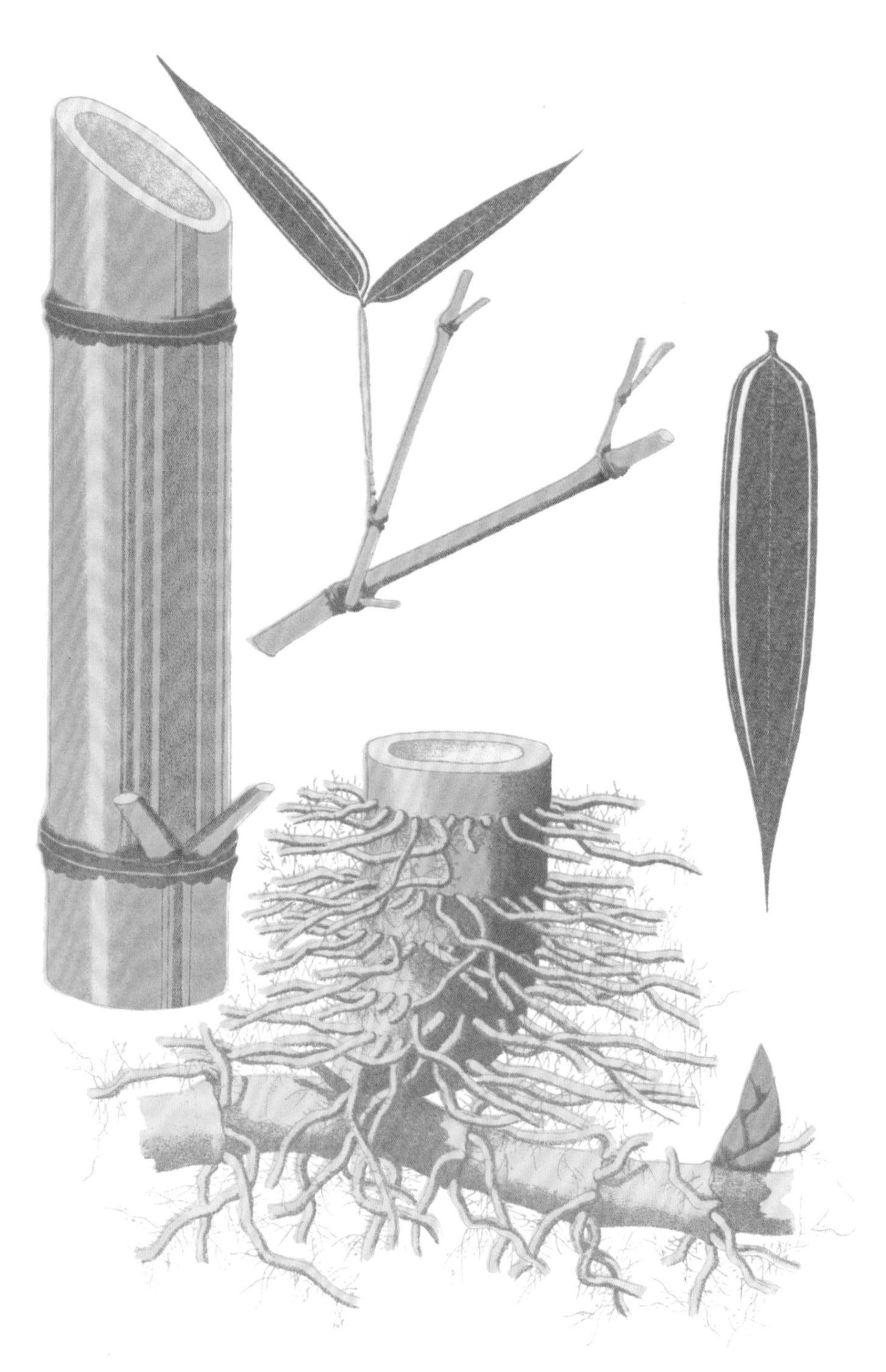

No24

桂竹 刚竹

桂竹为刚竹属植物，其竹材坚硬，非常适合作为武器等器具，有着悠久的人类使用历史。作为刚竹属的一员，桂竹的竹笋味道苦涩，其实并不适合食用，但是其竹身坚韧，无论是组筏制衣还是造纸盖房，都能胜任。

插图来自坪井伊助（Isuke Tsuboi）所著《竹类图谱》(*Illustrations of the Japanese species of bamboo*)，1916。

No25

羽扇槭 日本枫

羽扇槭为槭树科多年生木本植物。羽扇槭的叶子较大，叶子的颜色会随着四季变换而改变，树枝耐修剪，造型完成后具有很强的保持性，非常适合庭院种植，有很强的观赏性。紫红色的果实生有翅，成熟脱落后随风飘散，为典型的风力传播植物。

插图来自宫部金吾和工藤友顺所著《北海道重要森林树木图谱》，由铃木忠介所绘，1920—1923。

No26

蝴蝶花 日本鸢尾

蝴蝶花为鸢尾科多年生草本植物。鸢尾的学名 *Iris* 取自希腊神话中的彩虹女神伊里斯，人们认为这种美丽的植物可以连接神界和人间。作为鸢尾家族的一员，蝴蝶花同样有着梦幻的颜色。蝴蝶花的外轮花瓣上有着明显的黄色冠状突起，这也是无髯鸢尾中有冠饰物鸢尾的特征之一。

插图来自皮埃尔·约瑟夫·雷杜特（Pierre Joseph Redouté）所著《最美的翎羽》（*Choix des plus belles fleurs*），由其本人绘制，1827—1832。

№27

日本七叶树 八云町

日本七叶树凭借着开阔的冠幅非常适合作为行道树种栽种，并且由于有着大而挺拔、犹如烛台般的花序，它也非常适合作为庭院植物，黄白相间的花瓣上点缀着一抹红晕，使得这种高大笔挺的树种平添一丝秀美。日本七叶树的种子和栗子很像，但是比真正的栗子个头要大，而且顶端没有栗子的白尖结构，苦涩的味道也表明了自身的毒性。不过即使如此，每年仍然有不少误食七叶树果实而中毒的人。

插图来自《柯蒂斯植物学杂志》，由马蒂尔达·史密斯绘制，1917。

No28

日本花道和盆栽文化

插花和盆栽作为日本传统文化中重要的一部分，寄托着日本对于静态美学的极致追求。而菊花因为有着坚硬不易衰败的特性，和秀美挺拔易于造型的松树分别成为花道和盆栽中的常客，直至今天，这两种植物依旧在日本传统文化中有着重要的地位。

插图来自玛丽安娜·诺斯遗赠给邱园的藏品，1880。

No29

五叶踯躅 白八汐

踯躅也就是杜鹃，是中国传统十大名花之一，有着非常悠久的园艺历史。杜鹃分布广泛，花朵优美，这也使得其在世界范围内都有着园艺品种的选育，到目前为止，有记录的杜鹃品种已经超过 28000 种。图中展示杜鹃品种为“白八汐”，是日本原生种，属于落叶杜鹃，白色的花瓣上有着绿色的斑点。

插图来自横滨苗圃股份有限公司所著《横滨苗圃股份有限公司产品目录》，1907。

No30

青木 东瀛珊瑚

青木为山茱萸科木本植物。作为典型荫地的观叶植物，青木的叶片翠绿光亮，株型饱满耐修剪，适合种植在庭院荫蔽处和室内。其变种“花叶青木”是中国各大城市常用的绿篱和道路观赏植物。

插图来自《柯蒂斯植物学杂志》，由沃尔特·胡德·菲奇绘制，1865。

No31

“大淀”兰

本种兰花为兰科多年生常绿草本植物。兰花作为日本国民非常喜爱的观赏花卉之一，经过多代的杂交选育至今，园艺品种繁多，花形和颜色丰富多样。“大淀”兰拥有着细长碧绿的叶片和粗犷美丽的花朵，花型整洁且质地坚韧，是优良的室内观赏品种。

插图来自斯蒂芬·柯比、土井利一和大冢彻所著《兰卡夫兰花：日本兰花木版画大师作品集》，2018。

No32

金松 伞松

金松是日本独有珍贵品种，其历史悠久，起源可追溯至三叠纪。它金棕色的树皮和翠绿色的枝条使其成为一种优质的花材。表面深绿、背面淡黄的叶片轮生于小枝基部，酷似一轮风车，作为庭院树种，具有极高的观赏价值。

插图来自《柯蒂斯植物学杂志》，由马蒂尔达·史密斯绘制，1905。

No33

美丽卷丹 虎皮百合

美丽卷丹为百合科多年生草本植物，由于成熟的卷丹花色丹红，花瓣上卷，故得名“卷丹”。除此之外，卷丹最具特色的当属花瓣上的紫黑色斑点，这些斑点数量众多，越靠近花心越密集，如同虎皮上的斑纹，因此在卷丹传入欧洲的时候，被当地人称为“虎皮百合”。

插图来自横滨苗圃股份有限公司所著《日本百合》，1899。

No34

名岛樱 日本樱

名岛樱和“红虎尾”一样，都属于晚樱的品种之一。淡粉色的花朵生于枝条顶端，花瓣光滑，悬垂开放，花朵清香淡雅，是优良的行道树种之一。

插图来自三好学所著《樱花图谱》，1921。

No35

日本桦 王桦

桦树是一种优秀的速生木材树种，年增长量可达 1 米，常用于防风防沙林的建设。另外，桦树的叶片在秋天也会和枫树一样改变颜色，不同的是，大部分的桦树叶会变为金灿灿的黄色而非红色，因此桦树同样具有很高的观赏价值。其中日本桦有着桦树种群中最大的叶片，最高可达 30 米的树高一旦成林，无疑是一道亮丽的风景线。

插图来自宫部金吾和工藤友顺所著《北海道重要森林树木图谱》，由铃木忠介所绘，1920—1923。

No. 50 Aka-Daikagura.
赤大神樂

No36

“大神乐”牡丹 牡丹

该种牡丹为日本著名牡丹品种之一。厚重繁复的赤色花瓣重重叠叠，花瓣边缘向中心的金黄色花蕊翻卷。

插图来自横滨苗圃股份有限公司所著《牡丹花：精选 50 种》(*Paeonia Moutan*: *a collection of 50 choice varieties*)，20 世纪。

No37

菲白竹 金竹

菲白竹是一种小型的地被竹类，该竹具有很强的耐阴性，可以在林下生长。

菲白竹原产于日本，是世界上非常矮小的竹子之一。菲白竹叶片黄绿相间，叶片表面生有近白至浅黄色的纵向条纹，是一种优秀的观赏竹类。菲白竹在被引入国内后，通常用于制作微型盆景。

插图来自坪井伊助所著《竹类图谱》，1916。

№38

美丽百合“梅波芬”

鹿子百合

美丽百合原产于日本，是一种优秀的观赏花卉。美丽百合的花朵下垂，桃红色的花瓣反卷，边缘呈波浪状，花瓣表面遍布紫红色斑点和流苏状突起。本图展示的是美丽百合的园艺品种“梅波芬”，这个名字来源于希腊语，意为“用歌舞庆祝”。

插图来自横滨苗圃股份有限公司所著《日本百合》，1899。

No39

日本辛夷 北日本木兰

日本辛夷是日本中南部地区特有种。小灌木或小乔木状。先花后叶，花被片大于9枚，多可达50枚。日本辛夷的花被片为狭长条形，有粉色和白色。日本辛夷拥有大量的园艺品种。

日本辛夷株姿优美，小枝曲折，先花后叶，花朵颜色鲜艳又带芳香，为早春少见的观赏花木。

插图来自宫部金吾和工藤友顺所著《北海道重要森林树木图谱》，由铃木忠介所绘，1920—1923。

No40

赤黑松 奇迹松

日本海岸线附近的防潮林大多为赤松和黑松，其中偶有这两种松树杂交出的品种“赤黑松”。左图为日本 2011 年岩手县陆前高田市防潮林在海啸之后唯一幸存的松树，为了纪念这场海啸，这颗松树被命名为“奇迹松”。

插图由山中正美于 2016 年绘制。

Carnivorous Plants

食肉植物篇

策划：莉迪娅·怀特

篇首语

食肉植物是植物界的一个重要组成部分。它们已经进化出一整套的叶状诱饵，从而吸引、诱捕、杀死和消化猎物，以补充营养。这些看似危险的植物都生长在营养物质匮乏的环境中，如积水的沼泽地或被雨水浸泡的山石中。作为“肉食者”，它们挑战了我们对什么是植物及植物行为的概念。而且，正如我们将看到的那样，它们有着一种奇异的魅力。

世界上现存有近 600 种食肉植物，它们从不同的植物谱系中经过多次进化而来。它们的陷阱有的结构简单，如擅长积蓄水分的莲座状叶丛，也有进化出复杂结构的，采用独特策略来捕捉和杀死特定类型猎物的植物。进化论生物学家查尔斯·达尔文对食肉植物非常着迷。他仔细研究了它们的进食机制，通过给植物分别提供肉和玻璃，对它们吹气，用毛发刺激它们，等等，得出了植物的反应是由动物（通常是昆虫）所引起的结论。自达尔文在 19 世纪首次进行详细观察记录以来，世界各地已经发现了许多食肉植物。然而，令人惊讶的是，人们对它们中的大多数知之甚少，而且每年仍有新物种被发现。

也许最著名的食肉植物是维纳斯捕蝇草（*Dionaea muscipula*）。这种臭名昭著的“植物捕食者”潜伏在北卡罗来纳州和南卡罗来纳州的温暖湿地中，通常以昆虫为食，不过据说小型两栖动物和爬行动物有时也会被它可怕的颚状叶抓住。它的陷阱由叶子内表面的微小尖刺触发。当毫无防备的昆虫爬到叶子上时，如果在几秒内触及一根以上的触发尖刺或触碰到同一根尖刺两次，叶片就会自动关闭。一旦两片叶片的边缘紧紧地贴合在一起，叶片中间密封的空腔就形成了一个名副其实的“植物胃”。

茅膏菜是维纳斯捕蝇草的远亲，作为食肉植物中的一大类，除南极洲外的各大洲均有分布。它们生长在酸性的、营养贫瘠的沼泽地，可捕捉小型飞虫。它们的叶子上有许多腺体触角，分泌出一种甜味的黏性物质，吸引和捕获它们的猎物。落在叶子上的昆虫会刺激触角向内弯曲。当它们挣扎着逃跑时，就会被触角的黏液弄得筋疲力尽，窒息而死。昆虫被黏液中的消化酶溶解，释放出的营养物质则被植物吸收。捕虫堇（*Pinguicula*）也有黏黏的叶子，昆虫会被黏在上面，这些植物与下文描述的狸藻（*Utricularia*）一样，有着非常漂亮的、像兰花一样的花朵。

维纳斯捕蝇草和茅膏菜都是利用自身的运动（尽管速度不同）来诱捕昆虫。猪笼草则采取了一种完全不同的策略。它们会制造陷阱：猎物从光滑的边缘滑入桶状的捕虫囊中，然后淹没在底部的消化液里，被消化后释放出的营养物质则被猪笼草吸收。也有一些结构简单的陷阱，如南美洲的瓶子草（*Heliamphora*），它们的体内具有可以产生酶的细菌，帮助它们分解猎物。它们的亲戚北美瓶子草（*Sarracenia*）则进化出了黄色、红色或白色的管状结构，其中一些甚至可以给猎物下药；人们从它们的花蜜中分离出了一种麻醉物质，可使靠近的昆虫中毒，并导致它们失去平衡，跌落进瓶子草的腹中。

更为复杂的是生长在旧热带界的猪笼草（*Nepenthes*）。目前已经发现有大约 170 个物种，它们的捕虫囊有着令人惊讶的多样性。虽然其中大多数猪笼草的猎物仍是昆虫，但有些种类在饮食方面发生了奇特的变化：一种名为 *N. ampullaria* 的猪笼草进化出类似于“堆肥箱”的结构，收集来自森林树冠上的落叶；有些物种（如 *N. lowii*）有类似“马桶”的功能，树鼩爬到上面舔舐香甜花蜜的时候，粪便会落入“马桶”，为植物提供营养丰富的肥料。

其他食肉植物在水下“狩猎”。许多狸藻用它们微小的捕虫囊上的陷阱结构捕捉微小的水生生物。它们的捕食结构虽然微小，但非常复杂。它们的猎物包括水蚤和蚊子幼虫，这些猎物游动经过狸藻的捕虫囊时，会刷到附着在陷阱门上的触发毛。一旦接触，陷阱门就会打开，迅速将周围的水和不幸的猎物一起吸入。然后将门关闭，把猎物困在里面。

邱园对这些特殊植物的研究在科学和园艺史上有着突出的地位。自然史学家约瑟夫·班克斯（Joseph Banks）因与库克

（Cook）船长一起进行了三年的航行而闻名，并对邱园发展产生了很大的影响。他在 17 世纪末将猪笼草引入欧洲。直到 19 世纪初，人们开始对这种植物产生极大的兴趣，并将其作为热带温室内的观赏植物，与其他外来植物，如香蕉、菠萝和兰花一起种植在花盆里。约瑟夫 · 胡克于 1865 年成为邱园园长，他对猪笼草也很有兴趣。他描述了至今为止由休 · 洛在沙巴州的京那巴鲁山发现的一些令人赞叹的猪笼草的情况。其中的一些种类［如马来王猪笼草（*N. rajah*）］，只在这座山和它周围的山峰上被发现。

今天，你仍然可以在邱园内感受食肉植物的魅力。标本馆中的藏品无论是活体还是标本，都很好地展示了食肉植物的特征，以支持邱园和世界各地的科学家对其进行研究和保护。前文中提到的许多奇异的植物在威尔士公主温室（the Princess of Wales Conservatory）的专门区域茁壮成长，你也可以在岩石园中找到耐

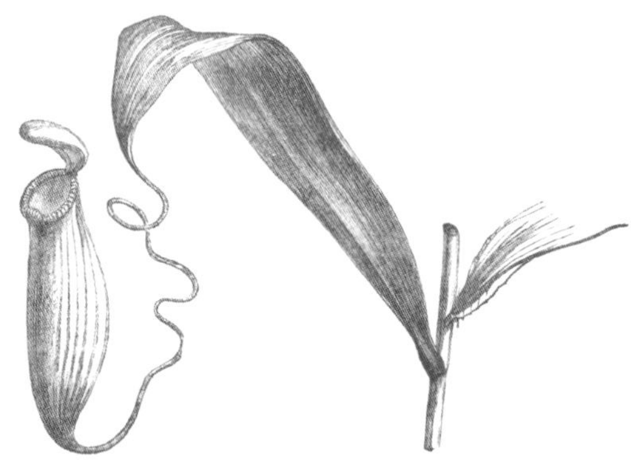

寒的猪笼草品种。如果你想在家里种植这些“植物瑰宝”：如果夏天有充足的雨水，冬天保持凉爽和潮湿，那么维纳斯捕蝇草、茅膏菜和北美猪笼草可以在阳光充足的窗台上茁壮成长。猪笼草在温带气候中的种植难度可能比较大，但在温暖、潮湿的环境中，如在雨林缸中则会很简单，可以让你很容易地在家里创造出美丽奇异的风景。

克里斯·索罗古德（Chris Thorogood）
牛津大学植物园和树木园副主任兼科学部主任

食肉植物篇

本篇展示了致命且诱人的食肉植物世界。无论是特殊的毛刺、甜美的花蜜、鲜艳的色彩，还是便捷的动物厕所，它们以各种机制引诱猎物。这 40 幅描绘这一物种的植物画作华丽地再现于世界上最大的植物图书馆之一的邱园图书馆、艺术珍藏和档案馆。

食肉植物专家克里斯·索罗古德对这一群体进行了概述。本篇中的每幅画作都有详细的说明，使本篇内容充满魅力。

No1

黄瓶子草 小号瓶子草

黄瓶子草原产于美国东南部，为瓶子草科多年生草本植物。瓶子草类植物的部分叶片进化成了一个管状的黄绿色捕虫叶，也被称为捕虫瓶。这些捕虫瓶或挺拔，或斜卧，如莲花般围着基部，其中则生出一支长长的花葶，如吊灯般的花朵低垂在顶端，十分秀气美丽，具有极高的观赏价值。黄瓶子草是瓶子草属中变种最多的种类，因其挺拔大气的瓶身和金色秀美的小花深受人们的喜爱。

插图来自《欧洲园艺花卉》，1854。

No2

诺斯猪笼草 诺斯小姐

诺斯猪笼草原产于婆罗洲，是一种热带食虫植物。诺斯猪笼草得名于首先发现它的玛丽安娜·诺斯。诺斯猪笼草在猪笼草类植物中属于大型猪笼草，其捕虫笼的容积可达 900 毫升以上。诺斯猪笼草的捕虫笼外壁有红色斑点，红色的唇部上有着细密的白色条纹，捕虫笼前部有一对细长的翼状结构。

插图来自玛丽安娜·诺斯遗赠给邱园的藏品，1876。

No3

1 好望角茅膏菜 海峡茅膏菜
2 匙叶茅膏菜 匙叶毛毡苔

茅膏菜为茅膏菜科多年生草本植物。茅膏菜的叶片上长有细长的纤毛，纤毛顶端会分泌出一种黏液，当昆虫触碰到之后会被黏住，之后周围的纤毛会迅速向昆虫弯曲，将昆虫黏缚得更紧。之后叶片会分泌消化液，将昆虫消化并吸收。

插图来自《比利时园艺》(*La Belgique Horticole*)，1880。

2
1

No4

墨兰捕虫堇 捕虫堇

捕虫堇为狸藻科多年生草本植物。捕虫堇的叶片上覆盖着两种腺毛：捕虫腺毛和消化腺毛。捕虫腺毛会分泌黏液，在腺毛尖端形成一个个晶莹的小液滴，将靠近的昆虫黏住；而消化腺毛则分泌含有大量消化酶的消化液，将昆虫消化吸收。

插图来自《柯蒂斯植物学杂志》，由马蒂尔达·史密斯绘制，1882。

No5

苹果猪笼草

苹果猪笼草分布广泛，一般生于潮湿的热带林地中。苹果猪笼草由于有着特殊的捕虫笼和特别的生长习性，被认为与其他猪笼草亲缘关系较远，为猪笼草属植物中的一个独立分支。苹果猪笼草的罐状捕虫笼很小，大部分为红色，相比于其他猪笼草拥有蜜腺的笼盖，苹果猪笼草几乎退化消失，并且进化出了消化枯叶的能力，其仅存的细小笼盖向外翻折，有利于落叶直接掉入笼中。

插图来自邱园19世纪公司画派藏品中曼努·拉尔（Manu Lall）的作品。

No6

小瓶子草 招手瓶子草

小瓶子草原产于北美洲，为瓶子草科多年生草本植物。小瓶子草的瓶口相较于其他瓶子草更为弯曲，瓶盖几乎遮住整个瓶口，通过瓶口内部的蜜腺，吸引昆虫爬入瓶内。这种食虫植物高度适应贫瘠的酸性土壤环境，它们通过消化昆虫而获取机体所需的磷和氮。

插图来自《柯蒂斯植物学杂志》，由西德纳姆·蒂斯特·爱德华兹所绘，1815。

No7

怀特茅膏菜 芬芳毛毡苔

怀特茅膏菜为茅膏菜科多年生草本植物，主要生长于潮湿多沼泽地区的沙质酸性土壤中。怀特茅膏菜的叶片顶端进化为面积更大的盾状，上面长有捕虫用的纤毛。相比于其他茅膏菜，怀特茅膏菜的叶片更加扁平和密集。

插图来自《柯蒂斯植物学杂志》，由沃尔特·胡德·菲奇绘制，1815。

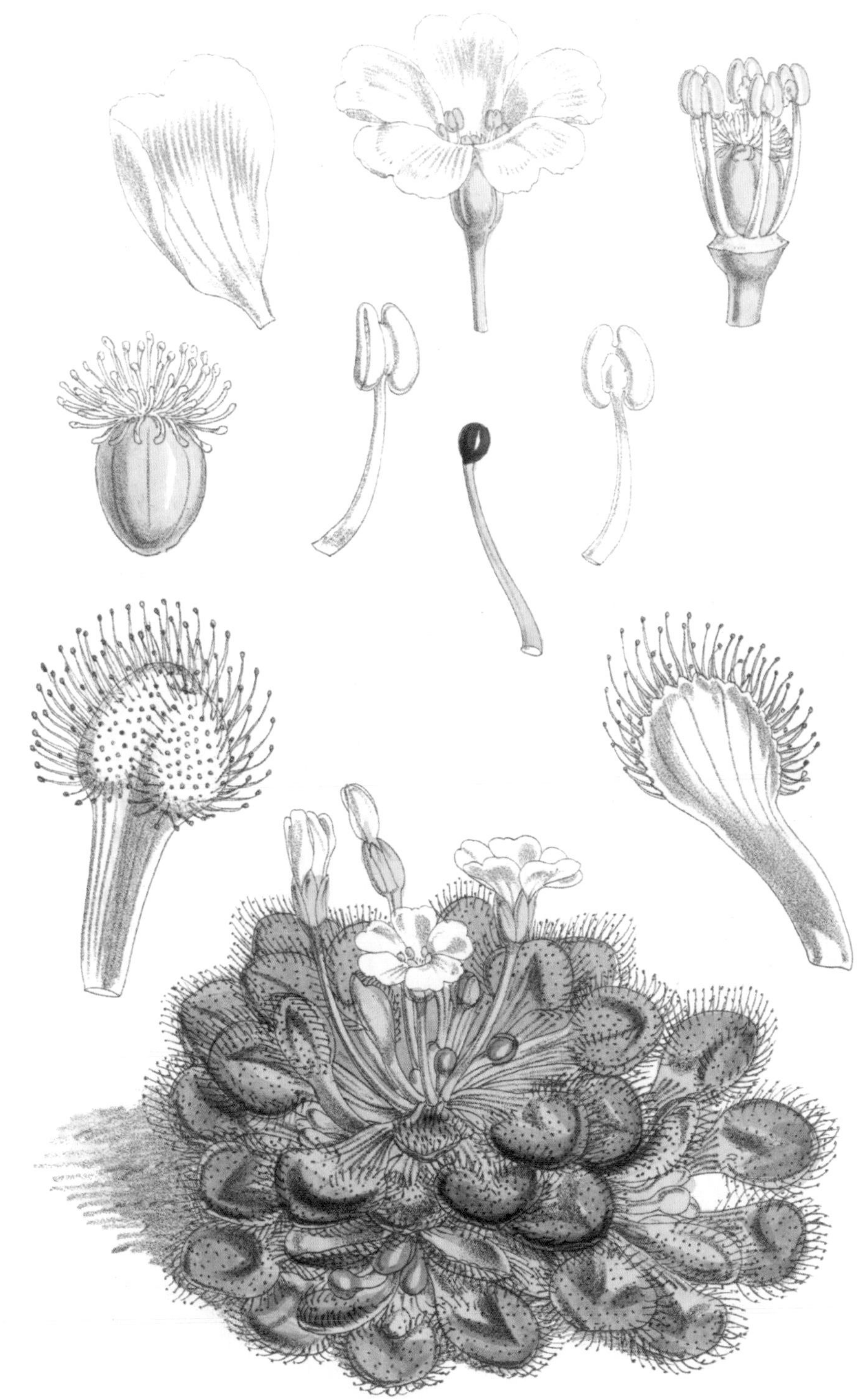

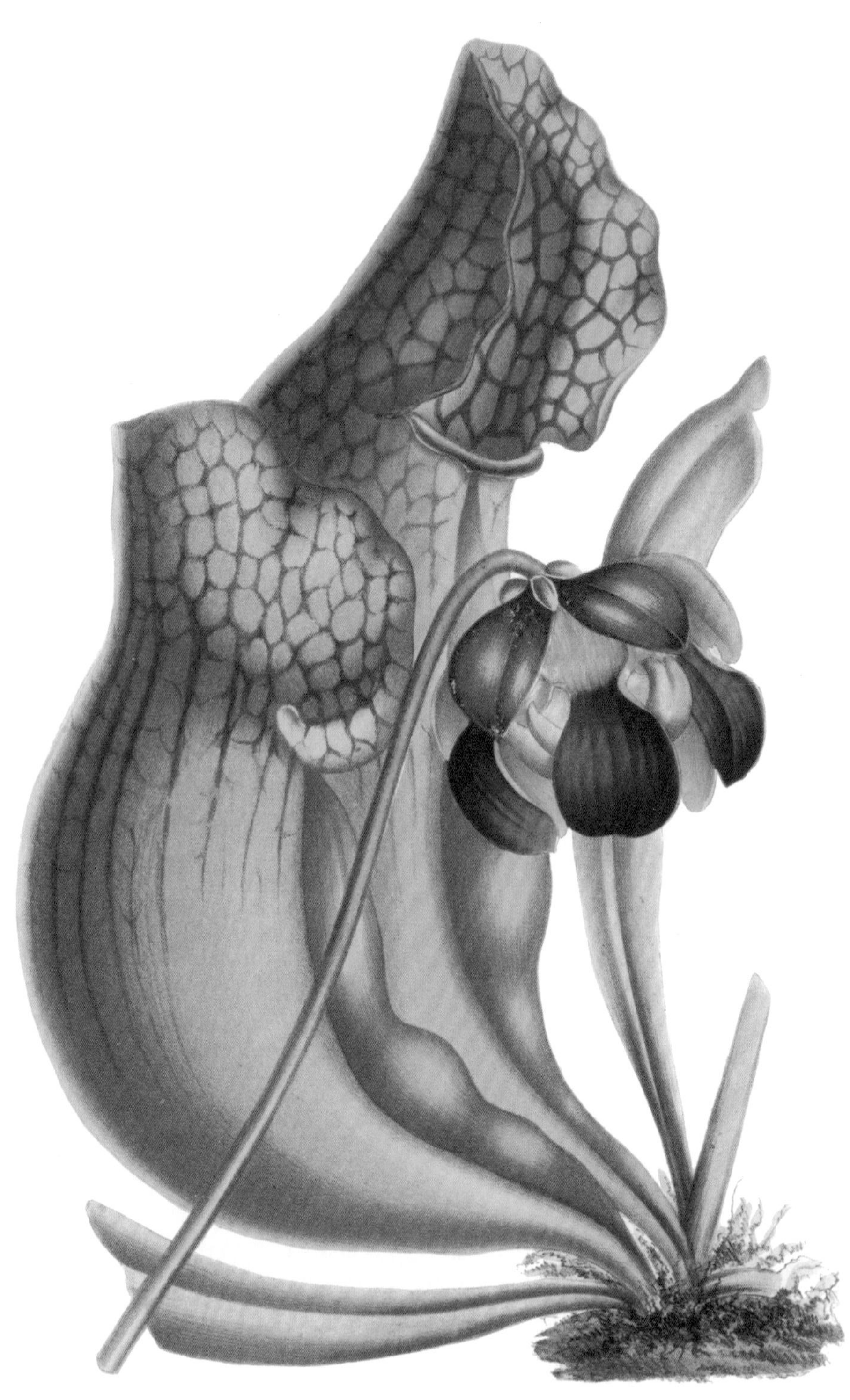

No8

紫瓶子草 亚当的杯子

紫瓶子草是瓶子草属植物中非常矮小的几个品种之一。其紫红色的捕虫瓶和黄瓶子草功能类似，但形态较为矮胖，并且瓶口的叶片并不是盖在瓶口上方，而是与开口垂直。紫红色的小花在花葶顶端垂落。

插图来自《欧洲园艺花卉》，1854。

No9

高山狸藻

高山狸藻为狸藻科植物，不同于大部分娇小精致的水生狸藻，高山狸藻是陆生种类，长长的花柄上绽放着洁白的、形似兰花般的花朵。狸藻科植物有着最为精妙的捕虫结构——捕虫囊。捕虫囊内部正常处于负压状态，当有昆虫被捕虫囊前端的触须吸引后触碰到捕虫囊外侧的刚毛，囊上的小门就会迅速打开，在压力的作用下将门附近的水连带昆虫一起吸入捕虫囊中。

插图来自尼古劳斯·约瑟夫·冯·杰昆所著《美国历史的选择》(*Selectarum stirpium Americanum historia*)，1780—1781。

Nº10

长叶卷瓶子草 湿地猪笼草

长叶卷瓶子草为瓶子草科多年生草本植物。其捕虫瓶通体深红色，瓶口盖状叶片退化得较小，但是瓶口相对于其他瓶子草则更大。当昆虫被吸引进瓶子内壁后，内壁上光滑的蜡质层和向下生长的绒毛会让昆虫无法爬出，从而越陷越深，最终落入瓶底消化液中。

插图来自克里斯·索罗古德（Chris Thorogood）所著《奇异植物》（*Weird Plants*），由其本人绘制，2018。

No11

捕蝇草 捕虫草

捕蝇草原产于美国，为茅膏菜科多年生草本植物。捕蝇草长有合页状双裂叶片，这两个叶片也是捕蝇草独特的捕虫结构——捕虫夹。两个叶片的内侧会分泌吸引昆虫的蜜汁，并在叶片内长有若干根细小的刺。当昆虫落在夹子中就会触动这些细刺，被两片叶子牢牢地抓住。

插图来自约翰·埃利斯（John Ellis）所著《从东印度群岛和其他遥远国家引入种子和处于植被状态植物指南》(*Directions for bringing over seeds and plants, from the East Indies and other distant countries, in a state of vegetation*)，1770。

No12

眼镜蛇草

加利福尼亚瓶子草

眼镜蛇草原产于美国西部的加利福尼亚州北部与俄勒冈州，为瓶子草科多年生草本植物。眼镜蛇草的捕虫瓶顶端下弯，形似眼镜蛇头，瓶口的叶片分裂，宛如蛇吐出的信子。和许多瓶子草一样，眼镜蛇草同样依靠瓶口的叶片分泌美味的蜜汁吸引昆虫进入捕虫瓶内。眼镜蛇草由于其出众的外形，如今已经成为广受欢迎的观赏植物。

插图来自《柯蒂斯植物学杂志》，由沃尔特·胡德·菲奇绘制，1871。

No13

莱佛士猪笼草
苹果猪笼草

右图展示了两种猪笼草，位于上方的是莱佛士猪笼草，该种猪笼草有两种形态的捕虫笼，靠近地表的茎上生矮胖的“下位笼”，上部的茎生细长的“上位笼”，两种笼子的形态差异是为了吸引不同的猎物。而下方展示的是簇生的苹果猪笼草，该种猪笼草具有猪笼草植物中十分罕见的地下茎，这使其可以在地面上宛如地毯一样大量铺开，从而接住更多落叶。

插图来自玛丽安娜·诺斯遗赠给邱园的藏品，1876。

No14

大腺毛草 彩虹草

大腺毛草原产于澳大利亚西南部，为腺毛草科多年生草本植物。大腺毛草的线形叶片表面生有大量纤毛，纤毛顶端会分泌黏液，这使得大腺毛草体表被黏液覆盖，在阳光下反射出五颜六色的光线，因此也被称为“彩虹草”。大腺毛草的捕虫方式和茅膏菜类似，通过黏液黏住昆虫，之后分泌出消化液将昆虫消化吸收。

插图来自《柯蒂斯植物学杂志》，由马蒂尔达·史密斯绘制，1902。

№15

岩蔷薇茅膏菜 毛毡苔

岩蔷薇茅膏菜为茅膏菜科多年生草本植物。与大部分茅膏菜的匍匐叶片不同，岩蔷薇茅膏菜的茎高大挺拔，长有纤毛的叶片生于茎上，花朵大而鲜艳。其捕虫方式与大部分的茅膏菜相似。

插图来自《柯蒂斯植物学杂志》，1890。

No16

左 紫瓶子草 亚当的杯子
中 黄瓶子草 小号瓶子草
右 梨叶山柑

左图所展示的是欧洲常见的温室观赏植物。其中梨叶山柑并非食虫植物，但是它娇小的花瓣和长长的雄蕊，使其花朵具有一种反差的美感，曾在欧洲风靡一时。

插图来自简·劳登（Jane Loudon）所著《淑女之花：观赏性温室植物花园》（*The Ladies' Flower—Garden of Ornamental Greenhouse Plants*），1848。

№17

高山挖耳草

高山挖耳草为狸藻科多年生草本植物，其球形的捕虫囊生于匍匐的茎上，捕虫方式与狸藻类植物相似。

插图来自玛丽安娜·诺斯遗赠给邱园的藏品，1873。

No18

叉叶茅膏菜

叉叶茅膏菜原产于澳大利亚和新西兰，为茅膏菜科多年生草本植物，属于大型的茅膏菜品种。叉叶茅膏菜分叉的片长度可达 50 厘米。与其他茅膏菜不同的是，叉叶茅膏菜的叶子在捕捉到昆虫后，卷曲的幅度非常小，几乎不会有卷曲。

插图来自《柯蒂斯植物学杂志》，由 W. J. 胡克所绘，1831。

No19

劳氏猪笼草

劳氏猪笼草原产于婆罗洲，为猪笼草科多年生草本植物，其名字以发现者 Hugh Low 而命名。劳氏猪笼草以奇特的捕虫笼出名，其上位捕虫笼下部横卧为球形，中部收缩并向上延展，瓶口为漏斗状，瓶口上的盖子表面外翻且生有细毛。这种捕虫瓶为木质化结构，非常坚硬，以至于在其枯萎后，依旧可以保持形状。

插图来自克里斯·索罗古德所著《奇异植物》，2018。

No20

紫瓶子草 亚当的杯子

左图展示了紫瓶子草的两性花，花序由叶片基部抽出，紫色的花朵大而下垂，伞状的柱头在先端展开，雄蕊环绕在子房周围。

插图来自托马斯·格林（Thomas Green）所著《草药通识》（*The Universal Herbal*），1816。

No21

露松 葡萄牙茅膏菜

露松为露松科多年生草本植物，其外形和茅膏菜相似，但它们的生长习性和捕虫方式均有所差异。不同于喜欢潮湿的茅膏菜，露松生长于干旱的环境中，虽然两者叶片上都长有会分泌黏液的纤毛，但是露松的纤毛并不能像茅膏菜一样自主活动，其纤毛上分泌黏液的黏性要强于茅膏菜。

插图来自《柯蒂斯植物学杂志》，由沃尔特·胡德·菲奇绘制，1869。

No22

马来王猪笼草 王侯猪笼草

马来王猪笼草原产于马来西亚，为猪笼草科多年生草本植物。该品种是猪笼草中最大的品种，其容量高达 3.5 升的巨型捕虫笼甚至可以捕食老鼠等小型哺乳动物。

插图来自克里斯·索罗古德所著《奇异植物》，由其本人绘制，2018。

No23

滴液猪笼草

滴液猪笼草原产于斯里兰卡，既是猪笼草植物的模式物种，也是如今现存最为古老的猪笼草品种。

插图来自玛丽安娜·诺斯遗赠给邱园的藏品，1877。

No24

长叶狸藻

长叶狸藻为狸藻科多年生草本植物。其扁长状的叶片可长达40厘米。长叶狸藻有着巨大的紫色花朵，这在狸藻类植物中实属罕见。

插图来自《花园》(*The Garden*)，1897。

No25

英国茅膏菜 大茅膏菜

英国茅膏菜的捕虫叶有着长长的叶柄，捕虫方式与大多数茅膏菜相似。右图展示了英国茅膏菜所捕食的几种昆虫。

插图来自邱园藏品中小托马斯·罗宾斯（Thomas Robins the Younger）的作品，1774。

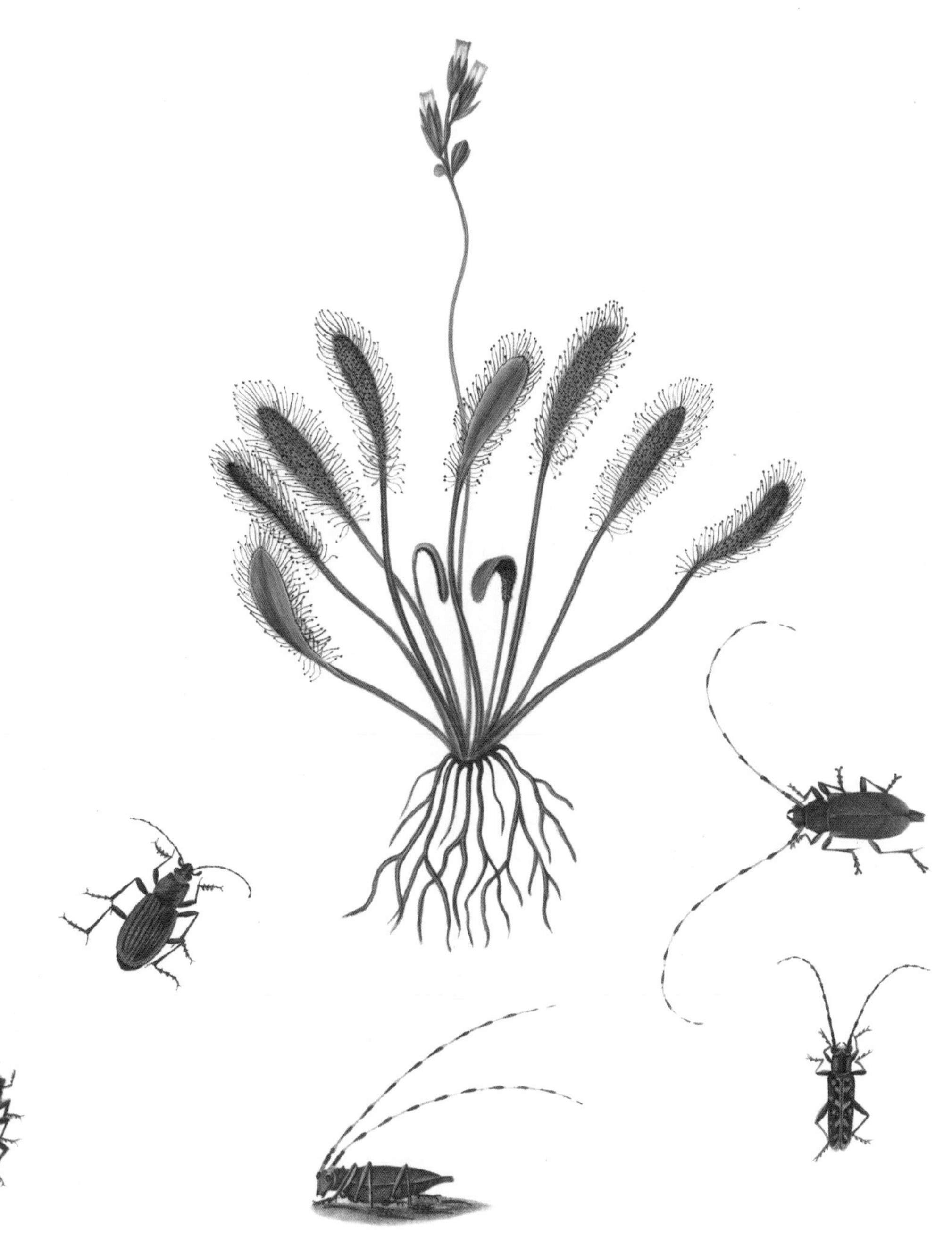

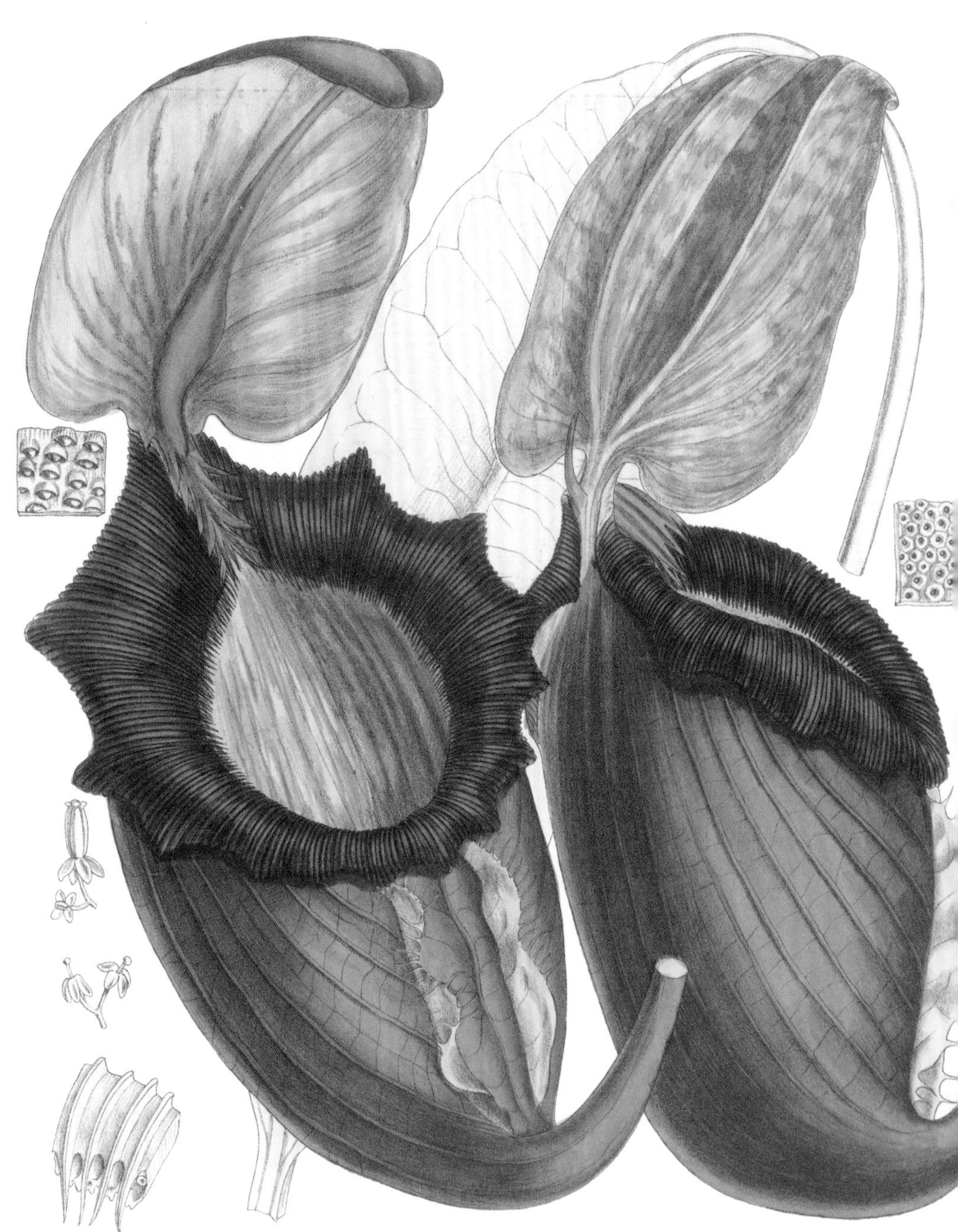

No26

马来王猪笼草 王侯猪笼草

左图详细展示了马来王猪笼草唇部的沟状结构及叶片内侧的分泌腺器官。

插图来自《柯蒂斯植物学杂志》，由马蒂尔达·史密斯绘制，1905。

No27

左 黄瓶子草 小号瓶子草
右 捕蝇草 维纳斯捕蝇草

黄瓶子草和捕蝇草喜欢潮湿的环境，多生于沼泽湿地中，右图所展示的就是两者的生存环境。

插图来自罗伯特·约翰·桑顿所著《卡洛斯·冯·林奈的性别系统图谱新编》(*New Illustration of the Sexual System of Carolus von Linnaeus*)，1779。

No28

捕蝇草 捕虫草

捕蝇草的捕虫夹并不是随意开合的，其内侧生有若干根“机关刺”，只有昆虫在几秒之内连续触碰两根，才会触发捕虫夹，使之迅速闭合。当昆虫在这个牢笼内挣扎时，就会触碰到更多的“机关刺”，进而使捕虫夹闭合得更紧。这种连续触发机制是为了防止雨滴或其他杂物误触，导致凭空浪费能量。

插图来自托马斯·格林所著《草药通识》，1816。

No29

土瓶草 澳大利亚瓶子草

土瓶草原产于澳大利亚西南海岸，为土瓶草科多年生草本植物。土瓶草有着与猪笼草相似的捕虫瓶，瓶口生有紫红色沟状结构。土瓶草的花茎挺拔，生有细密的绒毛，为了防止传粉昆虫被地面的捕虫瓶吃掉，花茎会一直长到30厘米以上才会开出乳白至淡黄色的花朵。

插图来自《柯蒂斯植物学杂志》，由W. J. 胡克绘制，1831。

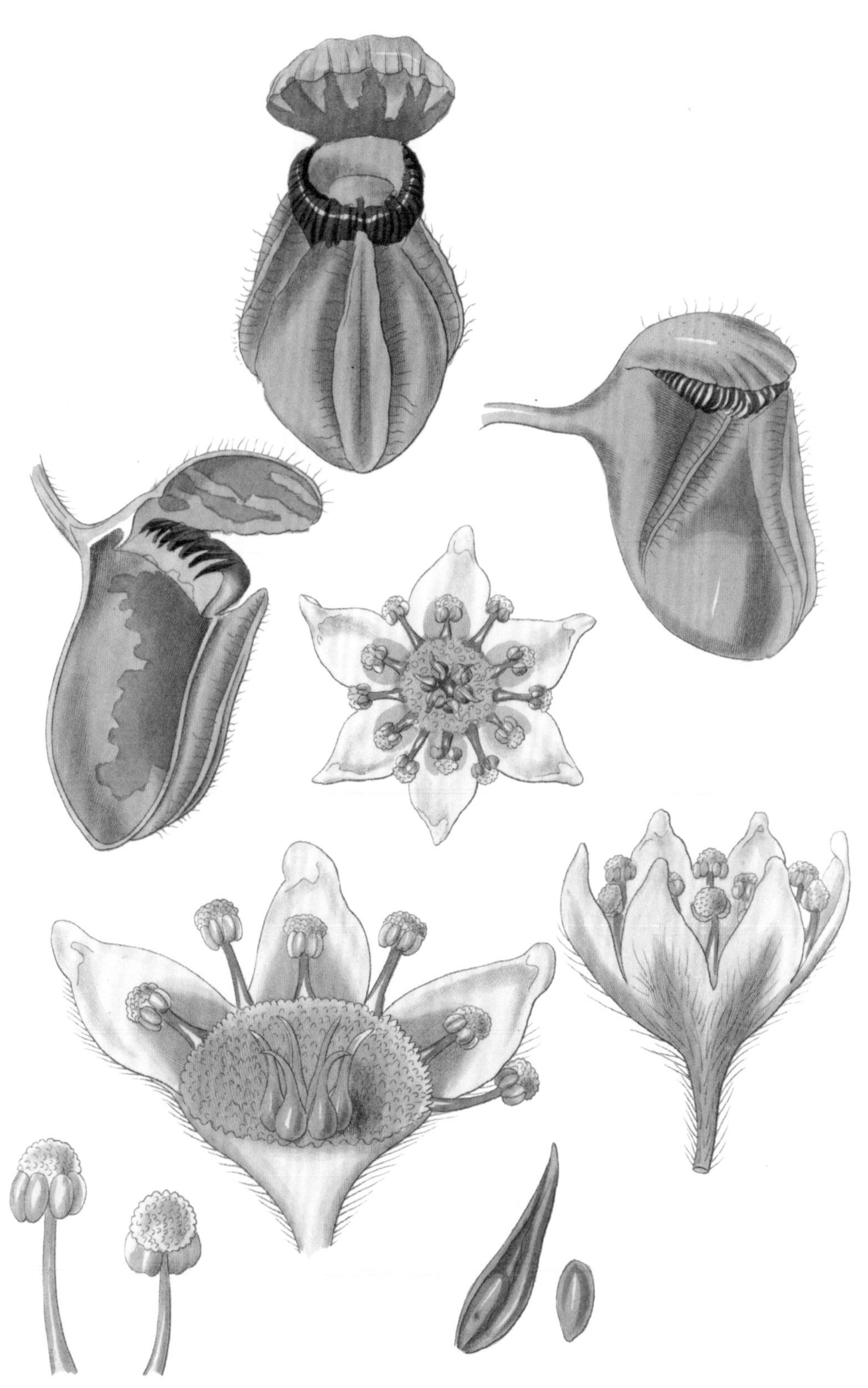

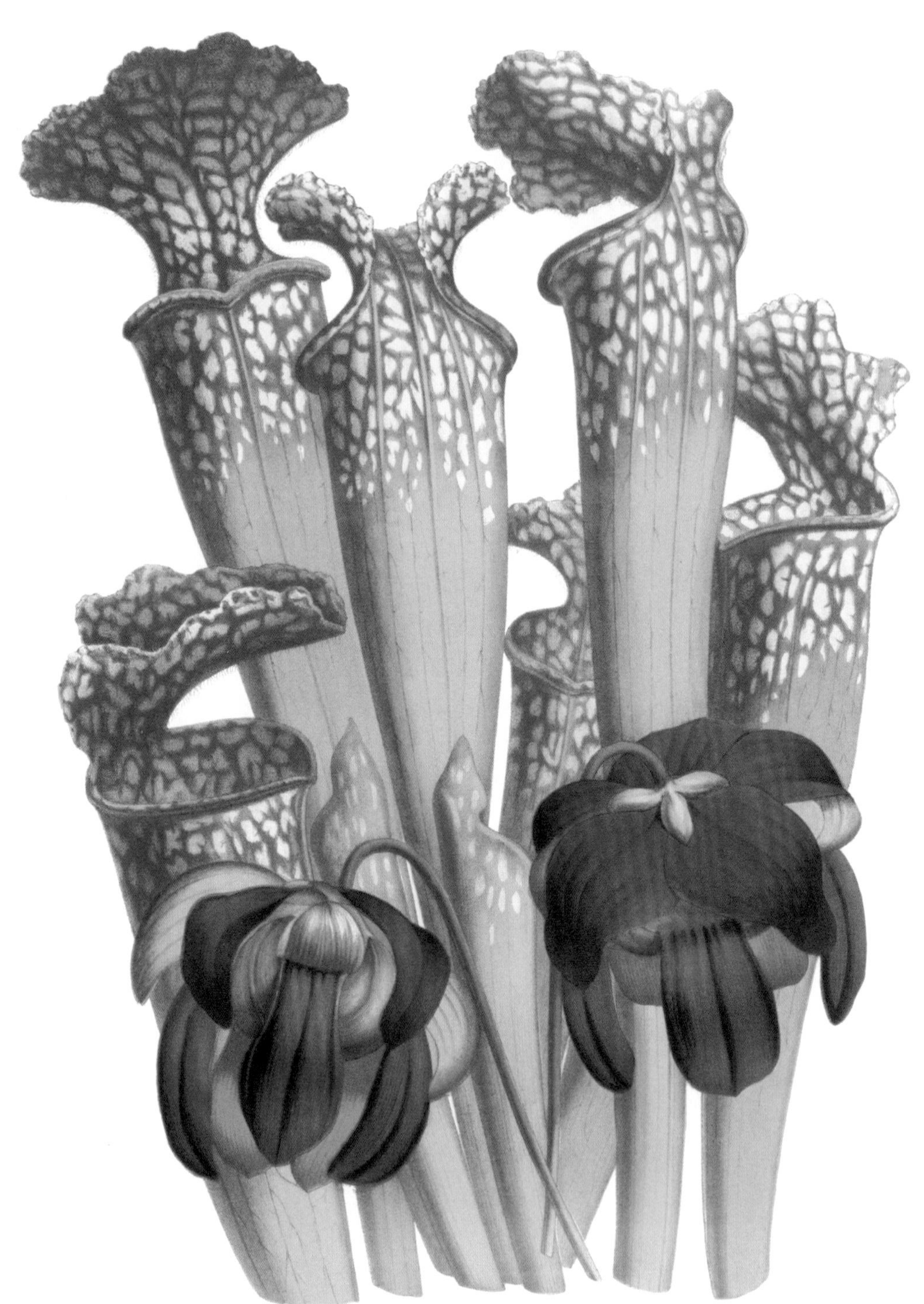

№30

白网纹瓶子草 红花瓶子草

白网纹瓶子草原产于美国，是现存的八大原种瓶子草之一。其瓶口处生有白色斑纹，且有红色网脉穿插其中。高大的捕虫瓶气势非凡，是广受欢迎的观赏类瓶子草之一。

插图来自《欧洲园艺花卉》，1854。

No31

白环猪笼草

白环猪笼草原产于婆罗洲，以其捕虫笼唇下有一圈白色绒毛而得名。白环猪笼草是猪笼草中罕见的食性专一品种，仅捕食白蚁，其唇下白毛也是为了诱捕白蚁而进化出的。有趣的是，当白环猪笼草捕虫笼唇下的白色绒毛被白蚁啃食干净之后，该捕虫笼就失去了引诱白蚁的作用。

插图来自邱园威尔士王子岛（槟城）藏品［Prince of Wales Island（Penang）Collection］中不知名画家的作品，1802—1803。

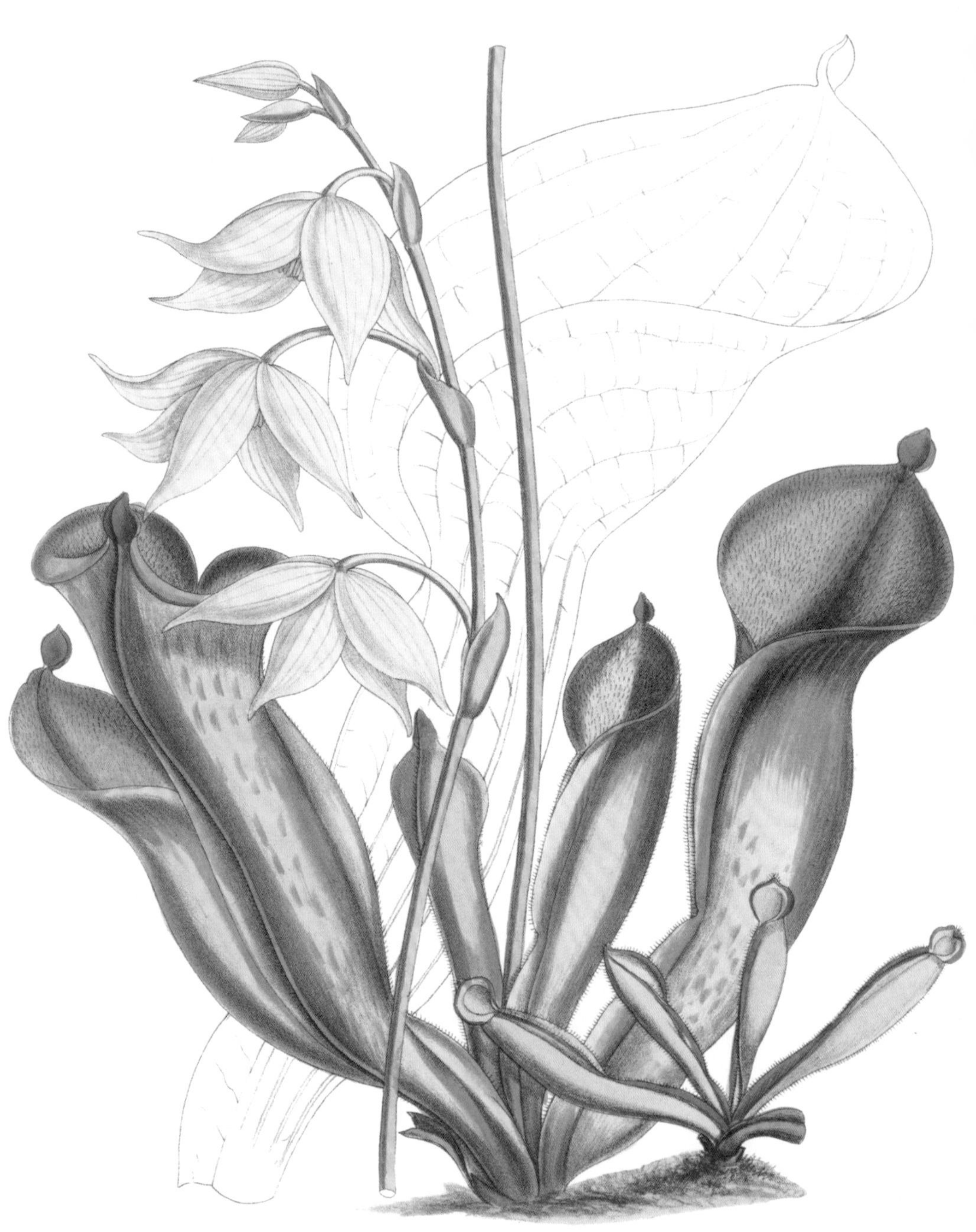

No32

垂花太阳瓶子草 湿地瓶子草

垂花太阳瓶子草原产于罗赖马山及库奇南山，为瓶子草科多年生草本植物。垂花太阳瓶子草的捕虫瓶虽然可以分泌蜜汁，但不能分泌消化液。取而代之的是瓶中有共生细菌，当昆虫掉入瓶中，会被细菌分解，残余的营养物质会被瓶子草吸收。

插图来自《柯蒂斯植物学杂志》，由马蒂尔达·史密斯绘制，1804。

No33

猪笼草属植物

一种生于热带的猪笼草

猪笼草为热带食虫植物，原产于旧大陆热带区。现今的大多数猪笼草分布于东南亚菲律宾群岛中。

插图来自《柯蒂斯植物学杂志》，由沃尔特·胡德·菲奇绘制，1858。

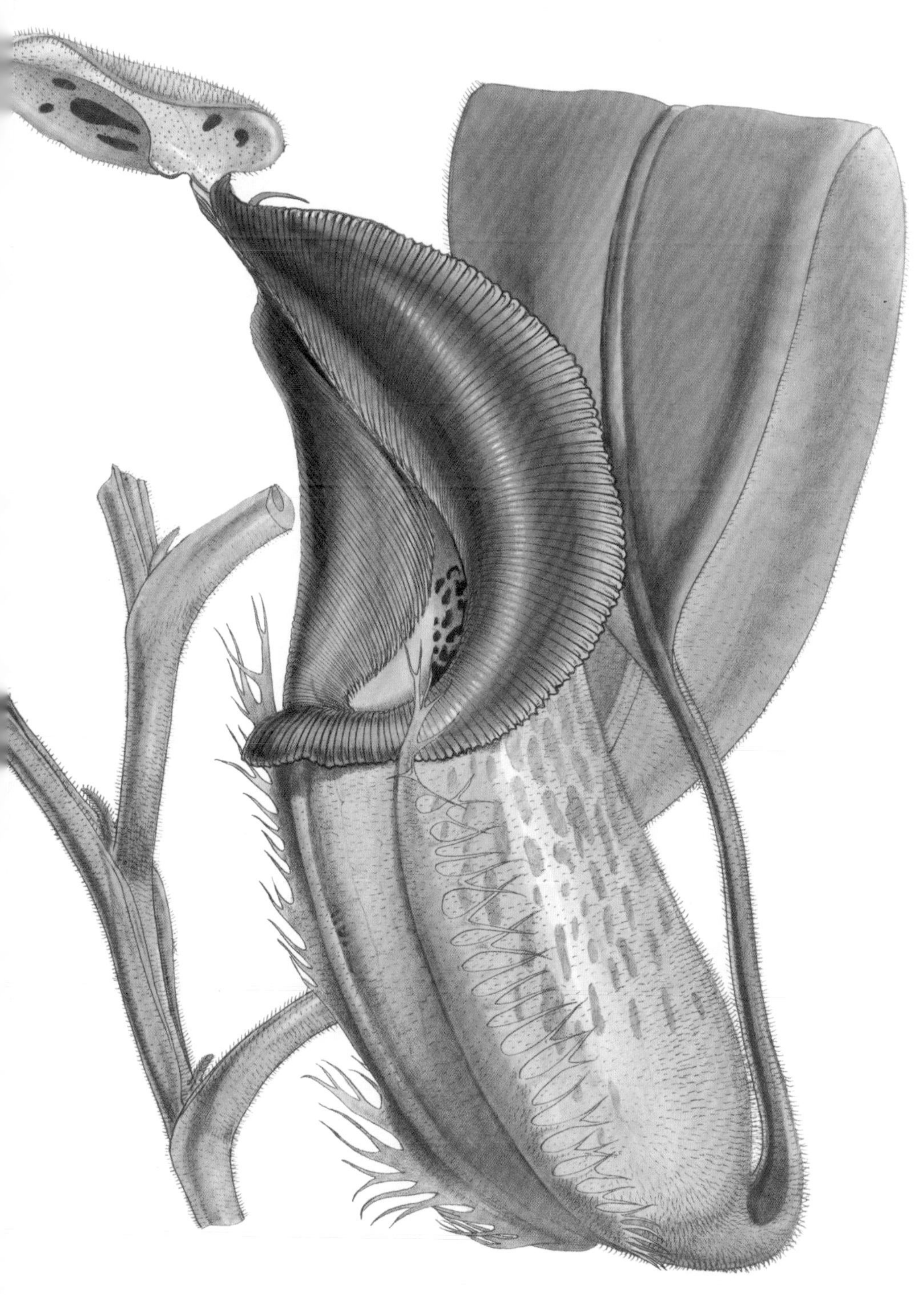

No34

捕蝇草 捕虫草

捕蝇草的花茎直立，自叶片基部抽出，总状花序的小花呈白色，花瓣内侧长有深色纵向条纹，边缘长有锯齿。

插图来自《柯蒂斯植物学杂志》，由西德纳姆·蒂斯特·爱德华兹绘制，1804。

No35

查尔逊瓶子草 喇叭瓶子草

查尔逊瓶子草是一种优秀的观赏性瓶子草，除了生命力强，其捕虫瓶在充足的阳光照射下会转变为紫红色，是广受欢迎的家养瓶子草种类。

插图来自《园艺插图》（*L'Illustration Horticole*），1880。

No36

好望角茅膏菜 海峡茅膏菜

好望角茅膏菜原生于南非好望角。在当地的气候条件下，好望角茅膏菜紫红色花朵的花期可长达半年。这也使得该品种在国外成了优秀的观赏品种。

插图来自《柯蒂斯植物学杂志》，由马蒂尔达·史密斯绘制，1881。

No37

土瓶草

土瓶草的捕虫结构虽然和猪笼草相似，但是捕虫方式却有着本质的区别。相比于猪笼草使用香味引诱昆虫入笼，土瓶草则依靠瓶盖内侧显眼的白色条纹模拟大多数虫媒传粉的花朵，诱骗昆虫误以为里面有花蜜，使昆虫进入笼中。

插图来自玛丽安娜·诺斯遗赠给邱园的藏品，1880。

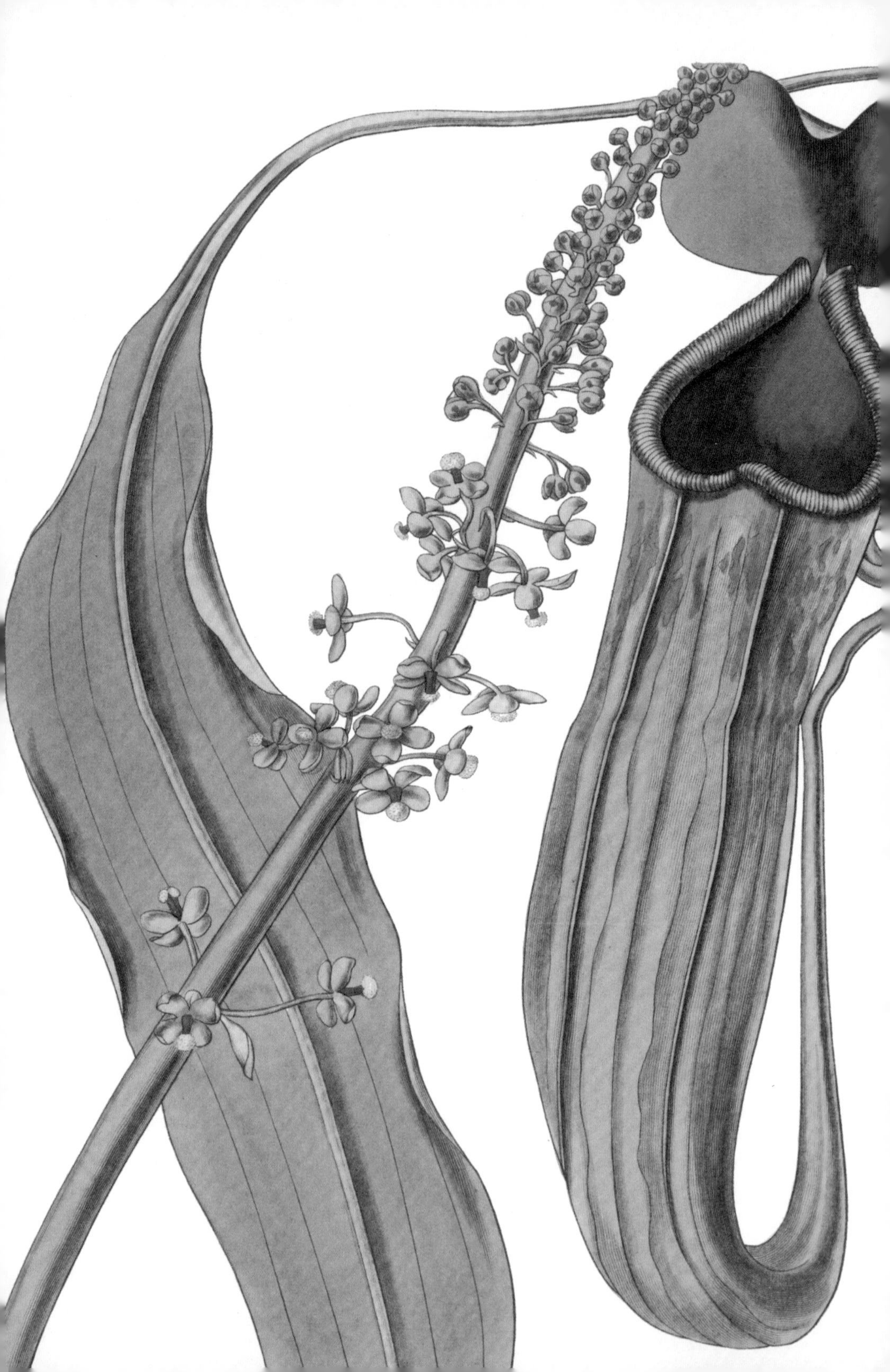

No38

滴液猪笼草

滴液猪笼草具有长长的总状花序，花序长度可达 20 ～ 50 厘米，紫红色的管状小花被 4 片绿色的被片环绕。

插图来自《柯蒂斯植物学杂志》，由 W. J. 胡克绘制，1828。

No39

红瓶子草 香甜瓶子草

红瓶子草原产于美国，为瓶子草科多年生草本植物。红瓶子草的蜜腺香甜，捕虫瓶细长直立，气质优雅，在合适的光照条件下会变得通体鲜红，是在欧美流行的一种家养瓶子草。

插图来自《欧洲园艺花卉》，1854。

No40

捕蝇草 捕虫草

捕蝇草凭借着奇特的外形和能够捕食蚊蝇的能力，已经成为当今盆栽市场的新宠儿。

插图来自琼-克劳德·米恩·莫丹特·德·劳奈（Jean-Claude Mien Mordant de Launay）和琼-路易斯·奥古斯特·洛伊塞勒-德隆尚（Jean-Louis Auguste Loiseleur-Deslongchamps）所著《植物爱好者的标本馆》（*Herbier Général de l'Amateur*），1816—1827。

资料来源 ILLUSTRATION SOURCES

野花篇

Barclay, R. (1825). *Curtis's Botanical Magazine* Volume 52, t. 2587

Curtis, William. (1775—1798). *Flora Londinensis*. London.

Curtis, W. *et al*. (1790). *Curtis's Botanical Magazine*. Volume. 3, t. 76

Edwards, S.T. (1815). *Botanical Register*. Volume 1, t. 76.

Gleadall, Eliza Eve. (1834—1836). *The Beauties of Flora, with Botanic and Poetic Illustrations; being a selection of flowers drawn from nature arranged emblematically*. Gleadhall, privately printed, Wakefield.

Goodale, George Lincoln. (1886). *The Wild Flowers of America*. B. Whidden, Boston.

Hulme, F. Edward. (1899). *Familiar Wild Flowers.* 6 volumes, Cassell and Co., London.

Köhler, F. E. (1887). *Medizinal-Pflanzen: in naturgetreuen Abbildungen mit kurz* erläuterndem. 2 volumes. F.E. Köhler, Gera-Untermhaus.

Lindley, J. (1832). *Edwards's Botanical Register*. Volume 18 t. 1486.

Loudon, Mrs Jane. (1846). *British Wild Flowers*, W.S. Orr, London.

Pratt, Anne and Step, Edward. (1899—1905). *Flowering Plants, Grasses, Sedges, & Ferns of Great Britain*. 4 volumes. Warne, London.

Sowerby, James. (1863—1886). *English Botany, or, Coloured Figures of British Plants.* 12 volumes. Hardwicke, London.

Sowerby, John Edward. (1882). *British Wild Flowers.* John Van Voorst, London.

Traill, Catherine Parr Strickland. (1895). *Canadian Wild Flowers.* William Briggs, Toronto.

棕榈篇

Dransfield, John and Cooke, David. (1999). *Cocos nucifera. Curtis's Botanical Magazine*. Volume 16/1, plate 355.

Gerard, John. (1636). *The Herball; or Generall Historie of Plantes.* Adam Islip, Joice Norton and Richard Whitakers, London.

Griffith, William and McClelland, John. (1850). *Palms of British East India*. C. A. Serrao, Calcutta.

Hooker, W. J. (1827). *Lodoicea sechellarum. Curtis's Botanical Magazine.* Volume 54, t. 2734.

Jacquin, Nicolaus Joseph von. (1780—1781). *Selectarum Stirpium mericanarum Historia.* 3 volumes. In Bibliopolio Novo Aul. & Acad., Manheim.

Kerchove de Denterghem, Oswald Charles Eugene Marie Ghislain de. (1878). *Les Palmiers*. J. Rothschild, Paris.

Martius, Karl Friedrich Philipp von. (1823—1853). *Historia Naturalis almarum.* 3 volumes. T.O Weigel, Leipzig.

Reede tot Drakestein, Hendrik van. (1678—1703). *Hortus Indicus*

Malabaricus. 12 volumes. Sumptibus Joannis van Someren, Joannis van Dyck, Henrici and Theodori Boom, Amsterdam.

Rumphius, Georgius Everhardus. (1750). *Herbarium Amboinense ... in Latinum sermonem Versa Cura et Studio J. Burmanni*. 6 volumes. Apud Meinardum Uytwerf, Amsterdam.

Twining, Elizabeth. (1849—1855). *Illustrations of the Natural Orders of Plants, Arranged in Groups, with Descriptions*. Joseph Cundall (Volume 1), Day & Son (Volume 2), London.

仙人掌篇

Bartlett, John Russell (1854). *Personal narrative of explorations and incidents in Texas, New Mexico, California, Sonora, and Chihuahua*. G. Routledge, London; D. Appleton, New York.

Britton, Nathaniel Lord and Rose, Joseph Nelson (1919—1923). *The Cactaceae: descriptions and illustrations of plants of the cactus family*. The Carnegie Institution of Washington, Washington.

Commelin, Johannes (1697—1701). *Horti medici Amstelodamensis rariorum tam Orientalis*. P. Apud and J. Blaeu, Amsterdam.

Descourtilz, Michel Étienne (1821). *Flore médicale des Antilles*. Chez Corsnier, Paris.

Hooker, J. D. (1870). *Cereus fulgidus. Curtis's Botanical Magazine*. Volume 96, t. 5856.

Hooker, J. D. (1873). *Pelecyphora aselliformis var. concolor. Curtis's Botanical Magazine*. Volume 99, t. 6061.

Hooker, W. J. (1828). *Cactus alatus. Curtis's Botanical Magazine.* Volume 55, t. 2820.

Hooker, W. J. (1832). *Cereus royeni. Curtis's Botanical Magazine.* Volume 59, t. 3125.

Hooker, W. J. (1836). *Pereskia bleo. Curtis's Botanical Magazine.* Volume 63, t. 3478.

Hooker, W. J. (1848). *Echinocactus chlorophthalmus. Curtis's Botanical Magazine.* Volume 74, t. 4373.

Hooker, W. J. (1848). *Mamillaria clava. Curtis's Botanical Magazine.* Volume 74, t. 4358.

Hooker, W. J. (1850). *Cereus tweediei. Curtis's Botanical Magazine.* Volume 76, t. 4498.

Hooker, W. J. (1850). *Echinocactus rhodophthalmus. Curtis's Botanical Magazine.* Volume 76, t. 4486.

Hooker, W. J. (1851). *Echinocactus streptocaulon. Curtis's Botanical Magazine.* Volume 77, t. 4562.

Hooker, W. J. (1852). *Echinocactus longihamathus. Curtis's Botanical Magazine.* Volume 78, t. 4632.

Lindley, John (1830). *Mamillaria pulchra. Edwards's Botanical Register.* Volume 16, t. 1329.

Lindley, J. (1833). *The Crimson Creeping Cereus. Edwards's Botanical Register.* Volume 19, t. 1565.

Morren, Édouard (1866). *Epiphyllum truncatum. La Belgique Horticole.* Volume 16, p. 257.

Prain, D. (1909). *Opuntia imbricata. Curtis's Botanical Magazine.* Volume 135, t. 8290.

Prain, D. (1919). *Wittia panamensis. Curtis's Botanical Magazine.* Volume 145, t. 8799.

Rothrock, J. T. (1878). *Reports upon the botanical collections made in portions of Nevada, Utah, California, Colorado, New Mexico and Arizona.* The United States Government Publishing Office, Washington.

Schumann, Karl, Gürke, Max and Vaupel, F. (1904—1921). *Blühende Kakteen (Iconographia Cactacearum)*. Neudamm, J. Neumann, Melsungen.

Sims, J. (1813). *Cactus tuna. Curtis's Botanical Magazine.* Volume 37-8, t. 1557.

Thiselton-Dyer, W. T. (1906). *Cereus scheerii. Curtis's Botanical Magazine.* Volume 132, t. 8096.

Thornton, Robert John (1799—1810). *Temple of Flora, or Garden of Nature.* T. Bensley, London.

Van Houtte, Louis (1850). *Echinocactus visnaga. Flore des serres et des jardins de l'Europe.* Volume 6, p. 265.

Van Houtte, Louis (1862—1865). *Cereus giganteus. Flore des serres et des jardins de l'Europe.* Volume 15, p. 187.

日本植物篇

College of Science, Imperial University of Tokyo. (1900—1911). *Icones Florae Japonicae*. The University of Tokyo, Japan.

Conder, Josiah. (1891). *The Flowers of Japan and The Art of Floral Arrangement*. Hakubunsha, Ginza and also Kelly and Walsh, Limited, Yokohama, Shanghai, Hong Kong, and Singapore.

Conder, Josiah. (1893). *Landscape Gardening in Japan*. Kelly and Walsh, Tokyo.

Curtis, W. (1799). *Hydrangea hortensis. Curtis's Botanical Magazine*. Volume 13, t. 438.

Hooker, J. D. (1896). *Adonis amurensis. Curtis's Botanical Magazine*. Volume 122, t. 7490.

Hooker, J. D. (1865). *Aucuba japonica. Curtis's Botanical Magazine*. Volume 91, t. 5512.

Hooker, J. D. (1884). *Pyrus maulei. Curtis's Botanical Magazine*. Volume 110, t. 6780.

Hooker, W. J. (1839). *Funkia sieboldiana. Curtis's Botanical Magazine*. Volume 65, t. 3663.

Hooker, W. J. (1834). *Lonicera japonica. Curtis's Botanical Magazine*. Volume 61, t. 3316.

Hooker, W. J. (1863). *Tricyrtis hirta. Curtis's Botanical Magazine*. Volume 89, t. 5355.

Kingo, Miyabe and Yūshun, Kudō. (1920 — 1923). *Icones of the Essential Forest Trees of Hokkaido*. Hokkaido Government, Japan.

Kirby, Stephen, Doi, Toshikazu and Otsuka, Toru. (2018). *Rankafu Orchid Print Album: Masterpieces of Japanese Woodblock Prints of Orchids,* 2018. Royal Botanic Gardens, Kew.

Miyoshi, Manabu. (1921). *Ōka Zufu*. Unsōdō, Tokyo.

Ogawa, Kazumasa. (c. 1895). *Some Japanese Flowers*. Kazumasa Ogawa, Tokyo.

Prain, D. (1917). *Aesculus turbinata. Curtis's Botanical Magazine*, Volume 143, t. 8713.

Redouté, Pierre Joseph. (1827 — 1832). *Choix des plus belles fleurs*. Ernest Panckoucke, Paris.

Thiselton-Dyer, W. T. (1905). *Sciadopitys verticillata. Curtis's Botanical Magazine*. Volume 131, t. 8050.

Tsuboi, Isuke. (1916). *Illustrations of the Japanese species of bamboo*. Hatsubaijo Maruzen Kabushiki Kaisha, Tokyo.

Turrill, W. B. (1936). *Glaucidium palmatum. Curtis's Botanical Magazine*. Volume 159, t. 9432.

van Houtte, Louis. (1874). *Camellia japonica. Flore des serres et des jardins de l'Europe*. Volume 29, p. 116.

Wittmack, Ludwig. (1897). *Chrysanthemum indicum. Gartenflora*. Volume 46, t. 1444.

Yokohama Ueki Kabushiki Kaisha. (1907). *Catalogue of the Yokohama Nursery Co., Ltd.* Yokohama Nursery Co., Yokohama.

Yokohama Ueki Kabushiki Kaisha. (c.1900). *Iris Kaempferi: 18 best var.* Yokohama Nursery Co., Yokohama.

Yokohama Ueki Kabushiki Kaisha. (1899). *Lilies of Japan*. Yokohama Nursery Co., Yokohama.

Yokohama Ueki Kabushiki Kaisha. (c. 1900). *Paeonia Moutan: a collection of 50 choice varieties.* Yokohama Nursery Co., Yokohama.

食肉植物篇

Andre E. (1871). *Nepenthes bicalcarata. L' Illustration Horticole.* Volume 28, t. 408.

Andre E. (1882). *Nepenthes henryana, Nepenthes lawrenciana. L' Illustration Horticole.* Volume 29, t. 460.

Andre E. (1880). *Sarracenia chelsoni. L' Illustration Horticole.* Volume 27, t. 388.

Ellis, J. (1770). *Directions for bringing over seeds and plants, from the East Indies and other distant countries, in a state of vegetation.* L. Davis, London.

Green, T. (1816). *The Universal Herbal.* Caxton Press, Liverpool.

Hooker, J. D. (1871). *Darlingtonia californica. Curtis's Botanical Magazine.* Volume 97, t. 5920.

Hooker, J. D. (1874). *Drosera whittakeri. Curtis's Botanical Magazine.* Volume 100, t. 6121.

Hooker, J. D. (1881). *Drosera capensis. Curtis's Botanical Magazine.* Volume 107, t. 6583.

Hooker, J. D. (1882). *Drosophyllum lusitanicum. Curtis's Botanical Magazine.* Volume 95, t. 5796.

Hooker, J. D. (1882). *Pinguicula moranensis. Curtis's Botanical Magazine.* Volume 108, t. 6624.

Hooker, J. D. (1890). *Drosera cistiflora. Curtis's Botanical Magazine.* Volume 116, t. 7100.

Hooker, J. D. (1890). *Heliamphora nutans. Curtis's Botanical Magazine.* Volume 116, t. 7093.

Hooker, J. D. (1902). *Byblis gigantea. Curtis's Botanical Magazine.* Volume 128, t. 7846.

Hooker, W. J. (1828). *Nepenthes distillatoria. Curtis's Botanical Magazine.* Volume 55, t. 2798.

Hooker, W. J. (1831). *Cephalotus follicularis. Curtis's Botanical Magazine.* Volume 58, t. 3119.

Hooker, W. J. (1831). *Drosera binata. Curtis's Botanical Magazine.* Volume 58, t. 3082.

Hooker, W. J. (1858). *Nepenthes villosa. Curtis's Botanical Magazine.* Volume 84, t. 5080.

Jacquin, N. J. von (1780—1781). *Selectarum stirpium Americanarum historia.* N. J. von Jacquin, Vindobona.

Loudon, J. (1848). *The Ladies' Flower-Garden of Ornamental Greenhouse Plants.* William Smith, London.

Mordant de Launay, J-C. M. and Loiseleur-Deslongchamps, J-L-A. (1816—1827).

Herbier Général de L'Amateur. Audot Libraire, Paris.

Moore, D. (1875). *Design in the Structure and Fertilisation of Plants.* William Mullan, Belfast.

Morren, É. (1880). *Drosera capensis, Drosera spatulata. La Belgique*

Horticole. Volume 30, t. 16.

Parsons, M. E. (1897). *The Wild Flowers of California: their names, haunts, and habits*. W. Doxey, San Francisco.

Royal Horticultural Society. (1897). *Utricularia longifolia. The Garden*. Volume 52, t. 1132.

Sims, J. (1804). *Dionaea muscipula. Curtis's Botanical Magazine*. Volume 20, t. 785.

Sims, J. (1815). *Sarracenia variolaris. Curtis's Botanical Magazine*. Volume 41, t. 1710.

Thiselton-Dyer, W. T. (1905). *Nepenthes rajah. Curtis's Botanical Magazine*. Volume 131, t. 8017.

Thornton, R. J. (1799). *New Illustration of the Sexual System of Carolus von Linnaeus*. R. J. Thornton, London.

Thorogood, C. (2018). *Weird Plants*. Royal Botanic Gardens, Kew.

Van Houtte, L. (1854). *Sarracenia flava. Flore des serres et des jardins de l'Europe*. Volume 10, t. 1068–1069.

Van Houtte, L. (1854). *Sarracenia. drummondii. Flore des serres et des jardins de l'Europe*. Volume 10, t. 1071–1072.

Van Houtte, L. (1854). *Sarracenia rubra. Flore des serres et des jardins de l'Europe*. Volume 10, t. 1074.

Van Houtte, L. (1854). *Sarracenia purpurea. Flore des serres et des jardins de l'Europe*. Volume 10, t. 1076.

棕榈篇

“公司画派”的素描和绘画中的大部分是在1879年捐给邱园的，当时东印度公司的博物馆和图书馆的藏品被英国政府的印度办公室所继承。

其收藏品包括：

- 威廉·罗克斯伯格（William Roxburgh，1751—1815）。两套“彩色图谱”中的一套，其中包括2500幅印度艺术家的画作，这些画作由罗克斯伯格委托制作，于1776—1813年在科罗曼德海岸和加尔各答植物园完成。另一套复制品由加尔各答的Acharya Jagadish Chandra Bose印度植物园的印度植物调查所中央国家植物标本馆保管。
- 纳撒尼尔·沃利奇（Nathaniel Wallich，1786—1854）。他收集了约1000幅由印度艺术家绘制的画作，这些画作同样与东印度公司所属的标本馆密切相关，该标本馆也被称为Wallich标本馆，由沃利奇本人在印度次大陆旅行中获得的植物标本干燥后制成。
- 乔治·芬利森（George Finlayson，1790—1823）。收集了71幅由无名艺术家创作的水彩和铅笔作品，其中许多作品可能源自东印度公司外科医生在暹罗（泰国）、南圻国（越南）和东印度群岛的旅行（1821—1822）。

- 罗伯特·福琼（Robert Fortune，1812—1880）。其藏品由苏格兰某位植物收藏家制作，他曾在远东地区进行过深度旅行，在旅行期间经常为伦敦园艺协会工作，之后于1843—1862年将工作地点转移至中国和日本。
- 玛丽安娜·诺斯（Marianne North，1830—1890）。其藏品包括由诺斯绘制的800多幅纸上油画，展示了自然环境中的植物，她在1871—1885年游览了五大洲的16个国家，记录了旅行中所遇到的植物群。她主要的收藏品在邱园的玛丽安娜·诺斯画廊展出，该画廊中的藏品由诺斯遗赠，根据她的指示建造，于1882年首次开放。

仙人掌篇

玛丽安娜·诺斯（1830—1890）。介绍同“棕榈篇”。

日本植物篇

约翰·艾尔将军（General John Eyre，1791—1865）。其藏品包括艾尔在1847—1851年作为指挥官驻扎在中国香港期间收藏的190幅水彩画。

罗伯特·福琼（1812—1880）。介绍同“棕榈篇”。

玛丽安娜·诺斯（1830—1890）。介绍同“棕榈篇”。

哈里·帕克斯爵士（Sir Harry Parkes，1828—1885）。在邱园的经济植物学收藏中，帕克斯的收藏包含了111张和纸（由手工制作的日本纸）和17件用和纸制作的物品。帕克斯作为英国驻东京公使，其藏品原本是作为1871年关于日本造纸业的报告而收集的。

食肉植物篇

“公司画派”的素描和绘画中的大部分是在1879年捐给邱园的，当时东印度公司的博物馆和图书馆的藏品被英国政府的印度办公室所继承。

玛丽安娜·诺斯（1830—1890）。介绍同“棕榈篇”。

致谢

ACKNOWLEDGEMENTS

邱园出版社感谢以下人员对本出版物的帮助。

野花篇

植物学家（Maarten Christenhusz）；韦克赫斯特野生植物园副园长，景观、园艺和研究主管埃德·伊金；植物艺术家克里斯特布尔·金；《柯蒂斯植物杂志》编辑马丁·里克斯；图书馆、艺术和档案馆的菲奥娜·安斯沃思（Fiona Ainsworth），克雷格·布拉夫（Craig Brough），朱莉娅·巴克利（Julia Buckley），罗茜·埃迪斯福德（Rosie Eddisford），Arved Kirschbaum，安妮·马歇尔（Anne Marshall），琳恩·帕克（Lynn Parker）和基里·罗斯-琼斯（Kiri Ross-Jones）；进行数字化工作的保罗·利特尔（Paul Little）。

棕榈篇

邱园的棕榈树专家比尔·贝克（Bill Baker）和约翰·德兰斯菲尔德（John Dransfield）；爱丁堡皇家植物园和邱园的副研究员哈里·诺尔蒂（Henry Noltie）；《柯蒂斯植物学杂志》编辑马丁·里克斯；邱园图书馆、艺术和档案馆的菲奥娜·安斯沃思、朱莉娅·巴克利、琳恩·帕克、克雷格·布拉夫和安妮·马歇尔；进行数字化工作的保罗·利特尔；最后感谢植物学艺术家克里斯特布尔·金授权在第178页使用她的插图。

仙人掌篇

邱园多肉植物专家奥尔文·格雷斯；图书馆、艺术和档案馆的菲奥娜·安斯沃思；进行数字化工作的保罗·利特尔；最后感谢植物艺术家克里斯特布尔·金授权允许在第 246 页使用她的插图。

日本植物篇

邱园园长托尼·霍尔；《柯蒂斯植物杂志》编辑马丁·里克斯；图书馆、艺术和档案馆的菲奥娜·安斯沃思、朱莉娅·巴克利、琳恩·帕克、克雷格·布拉夫和安妮·马歇尔；进行数字化工作的保罗·利特尔；最后感谢菱木明香、斯蒂芬·柯比和山中正美授权分别在第 292 页，第 283 页和 339 页，第 356 页使用本人绘制的插图。

食肉植物篇

牛津大学植物园副园长兼科学部主任克里斯·索罗古德为本书撰写篇首语，并授权在第 386 页、405 页、410 页使用由其本人绘制的插图；图书馆、艺术和档案馆的菲奥娜·安斯沃思、克雷格·布拉夫、罗茜·埃迪斯福德、阿维德·基尔施鲍姆（Arved Kirschbaum）和安妮·马歇尔；进行数字化工作的保罗·利特尔。

野花篇

Clennett, Chris. (2018). *Wild Flowers of the High Weald*, Royal Botanic Gardens, Kew.

Hall, Tony. (2017). *Wild Plants of Southern Spain: A Guide to the Native Plants of Andalucia,* Royal Botanic Gardens, Kew.

Kühn, Rolf, Pedersen, Henrik Ærenlund, Cribb, Phillip. (2019). *Field Guide to the Orchids of Europe and Mediterranean,* Royal Botanic Gardens, Kew.

Stace, Clive (2019). *New Flora of the British Isles,* 4th edition. C&M Floristics, Suffolk.

Thorogood, Chris. (2016). *Field Guide to the Wild Flowers of the Western Mediterranean,* Royal Botanic Gardens, Kew.

Thorogood, Chris. (2019). *Field Guide to the Wild Flowers of the Eastern Mediterranean,* Royal Botanic Gardens, Kew.

Thorogood, Chris and Hiscock, Simon. (2019). *Field Guide to Wild Flowers of the Algarve,* 2nd edition, Royal Botanic Gardens, Kew.

棕榈篇

Dransfield, John, Uhl, Natalie Whitford, Asmussen, Conny B., Baker,

William, Harley, Madeline M. Lewis, Carl E. (2008). *Genera Palmarum: The Evolution and Classification of Palms*, 2nd edition. Royal Botanic Gardens, Kew.

Jacquin, Nicolaus Joseph von. (2016). *Selectarum Stirpium Americanarum. Plants of the Americas*, Facsimile edition. The Folio Society, London.

Martius, Karl Friedrich Philipp von, Mohl, Hugo von, Unger, Franz, Lack, Hans Walter. (2010). *The Book of Palms*. Facsimile plates from *Historia Naturalis Palmarum*. Taschen, Köln.

North, Marianne and Mills, Christopher. (2018). *Marianne North: The Kew Collection.* Royal Botanic Gardens, Kew.

Payne, Michelle. (2016). *Marianne North: A Very Intrepid Painter,* revised edition. Royal Botanic Gardens, Kew.

Rumphius, Georgius Everhardus and Beekman, E. M. (2011). *The Ambonese Herbal.* 6 volumes. National Tropical Botanical Garden and Yale University Press, New Haven and London.

Teltscher, Kate. (2020). *Palace of Palms: Tropical Dreams and the Making of Kew.* Picador, London in association with the Royal Botanic Gardens, Kew.

Watt, Alistair. (2017). *Robert Fortune: A Plant Hunter in the Orient.* Royal Botanic Gardens, Kew.

Willis, Kathy and Fry, Carolyn. (2014). *Plants from Roots to Riches.* John Murray, London in association with the Royal Botanic Gardens, Kew.

仙人掌篇

Anderson, Miles (2002). *World Encyclopedia of Cacti and Succulents.* Hermes House, London.

Britton, Nathaniel Lord and Rose, Joseph Nelson (1919—1923). *The Cactaceae: descriptions and illustrations of plants of the cactus family.* The

Carnegie Institution of Washington, Washington.

Charles, Graham (2003). *Cacti and succulents: an illustrated guide to the plants and their cultivation.* The Crowood Press, Ramsbury.

North, Marianne and Mills, Christopher. (2018). *Marianne North: The Kew Collection.* Royal Botanic Gardens, Kew.

Payne, Michelle. (2016). *Marianne North: A Very Intrepid Painter.* Revised edition. Royal Botanic Gardens, Kew.

Thornton, Robert John (2008). *The Temple of Flora.* Facsimile edition of the original. Taschen, Köln.

Willis, Kathy and Fry, Carolyn. (2014). *Plants from Roots to Riches.*

John Murray, London in association with the Royal Botanic Gardens, Kew.

日本植物篇

Abe, Naoko. (2019). *'Cherry' Ingram: the Englishman who saved Japan's blossoms*. Chatto & Windus, London.

Broadbent Casserley, Nancy. (2013). *Washi: the art of Japanese paper*. Royal Botanic Gardens, Kew.

Kew Pocketbooks. (2020). *Honzō Zufu*. Royal Botanic Gardens, Kew.

Kirby, Stephen, Doi, Toshikazu and Otsuka, Toru. (2018). *Rankafu Orchid Print Album: Masterpieces of Japanese Woodblock Prints of Orchids*. Royal Botanic Gardens, Kew.

North, Marianne and Mills, Christopher. (2018). *Marianne North: The Kew Collection*. Royal Botanic Gardens, Kew.

Payne, Michelle. (2016). *Marianne North: A Very Intrepid Painter,* revised edition. Royal Botanic Gardens, Kew.

Siebold, Philipp Franz von, Miquel, Friedrich Anton Wilhelm, Zuccarini, Joseph Gerhard. (1835-70). *Flora Japonica*. Lugduni Batavorum.

Thunberg, Carl Peter. (1975). *Flora Japonica: Sistens Plantas Insularum Japonicarum.* Reprint of 1784 edition. Oriole Editions, New York.

Thunberg, Carl Peter, et al. (1994). *C. P. Thunberg's Drawings of Japanese Plants: Icones Plantarum Japonicarum Thunbergii.* Maruzen Co. Ltd, Tokyo.

Watt, Alistair. (2017). *Robert Fortune: A Plant Hunter in the Orient.* Royal Botanic Gardens, Kew.

Willis, Kathy and Fry, Carolyn. (2014). *Plants from Roots to Riches.* John Murray, London in association with the Royal Botanic Gardens, Kew.

Yamanaka, Masumi and Rix, Martyn (2017). *Flora Japonica,* revised edition. Royal Botanic Gardens, Kew.

食肉植物篇

North, Marianne and Mills, Christopher. (2018). *Marianne North: The Kew Collection.* Royal Botanic Gardens, Kew.

Payne, Michelle. (2016). *Marianne North: A Very Intrepid Painter,* revised edition. Royal Botanic Gardens, Kew.

Thorogood, Chris. (2018). *Weird Plants.* Royal Botanic Gardens, Kew. Torre, D. (2019). *Carnivorous Plants.* Reaktion Books, London.

Willis, Kathy and Fry, Carolyn. (2014). *Plants from Roots to Riches.* John Murray, London in association with the Royal Botanic Gardens, Kew.

网络资源 ONLINE

www.biodiversitylibrary.org

世界上最大的开放性数字图书馆，拥有专门研究生物多样性和自然历史文献和档案，同时包括许多稀有书籍。

www.kew.org

邱园皇家植物园的网站，提供有关邱园科研、藏品和展出计划的信息。

www.plantsoftheworldonline.org

一个在线数据库，整合了过去 250 年里出版的植物学文献中收集到的世界植物群的权威信息。